HITE 7.0
培养体系

HITE 7.0全称厚溥信息技术工程师培养体系第7版，是武汉厚溥企业集团推出的"厚溥信息技术工程师培养体系"，其宗旨是培养适合企业需求的IT工程师，该体系被国家工业和信息化部人才交流中心鉴定为国家级计算机人才评定体系，凡通过HITE课程学习成绩合格的学生将获得国家工业和信息化部颁发的"全国计算机专业人才证书"，该体系教材由清华大学出版社全面出版。

HITE 7.0是厚溥最新的职业教育课程体系，该职业体系旨在培养移动互联网开发工程师、智能应用开发工程师、企业信息化应用工程师、网络营销技术工程师等。它的独特之处在于每年都要根据技术的发展进行课程的更新。在确定HITE课程体系之前，厚溥技术中心专业研究员在IT领域和一些非IT公司中进行了广泛的行业调查，以了解他们在目前和将来的工作中会用到的数据库系统、前端开发工具和软件包等应用程序，每个产品系列均以培养符合企业需求的软件工程师为目标而设计。在设计之前，研究员对IT行业的岗位序列做了充分的调研，包括研究从业人员技术方向、项目经验和职业素质等方面的需求，通过对所面向学生的自身特点、行业需求的现状以及项目实施等方面的详细分析，结合厚溥对软件人才培养模式的认知，按照软件专业总体定位要求，进行软件专业产品课程体系设计。该体系集应用软件知识和多领域的实践项目于一体，着重培养学生的熟练度、规范性、集成和项目能力，从而达到预定的培养目标。整个体系基于ECDIO工程教育课程体系开发技术，可以全面提升学生的价值和学习体验。

一、移动互联网开发工程师

在移动终端市场竞争下，为赢得更多用户的青睐，许多移动互联网企业将目光瞄准在应用程序创新上。如何开发出用户喜欢，并能带来巨大利润的应用软件，成为企业思考的问题，然而这一切都需要移动互联网开发工程师来实现。移动互联网开发工程师成为求职市场的宠儿，不仅薪资待遇高，福利好，更有着广阔的发展前景，倍受企业重视。

移动互联网企业对Android和Java开发工程师需求如下：

已选条件：	Java(职位名)	Android(职位名)
共计职位：	共51014条职位	共18469条职位

1. 职业规划发展路线

Android				
★	★★	★★★	★★★★	★★★★★
初级Android开发工程师	Android开发工程师	高级Android开发工程师	Android开发经理	移动开发技术总监
Java				
★	★★	★★★	★★★★	★★★★★
初级Java开发工程师	Java开发工程师	高级Java开发工程师	Java开发经理	技术总监

2. 素质能力提升路径

1 大学生	2 大学生活	3 学习习惯	4 职业目标	5 沟通表达	6 自我管理
12 准职业人	11 职业路线	10 求职技能	9 就业意识	8 融入团队	7 形象礼仪

3. 专业技能提升路径

1 大学生	2 计算机基础	3 编程基础	4 软件工程	5 数据库	6 网站技术
12 准职业人	11 产品规划	10 项目技能	9 高级应用	8 APP开发	7 基础应用

4. 项目介绍

(1) 酒店点餐助手

(2) 音乐播放器

二、智能应用开发工程师

随着物联网技术的高速发展，我们生活的整个社会智能化程度将越来越高。在不久的将来，物联网技术必将引起我国社会信息的重大变革，与社会相关的各类应用将显著提升整个社会的信息化和智能化水平，进一步增强服务社会的能力，从而不断提升我国的综合竞争力。 智能应用开发工程师未来将成为热门岗位。

智能应用企业每天对.NET开发工程师需求约15957个岗位(数据来自51job)：

已选条件：	.NET(职位名)
共计职位：	共15957条职位

1. 职业规划发展路线

★	★★	★★★	★★★★	★★★★★
初级.NET 开发工程师	.NET 开发工程师	高级.NET 开发工程师	.NET 开发经理	技术总监
★	★★	★★★	★★★★	★★★★★
初级 开发工程师	智能应用 开发工程师	高级 开发工程师	开发经理	技术总监

2. 素质能力提升路径

1 大学生	2 大学生活	3 学习习惯	4 职业目标	5 沟通表达	6 自我管理
12 准职业人	11 职业路线	10 求职技能	9 就业意识	8 融入团队	7 形象礼仪

3. 专业技能提升路径

1 大学生	2 计算机基础	3 编程基础	4 软件工程	5 数据库	6 网站技术
12 准职业人	11 产品规划	10 项目技能	9 高级应用	8 智能开发	7 基础应用

4. 项目介绍

(1) 酒店管理系统

(2) 学生在线学习系统

三、 企业信息化应用工程师

当前，世界各国信息化快速发展，信息技术的应用促进了全球资源的优化配置和发展模式创新，互联网对政治、经济、社会和文化的影响更加深刻，围绕信息获取、利用和控制的国际竞争日趋激烈。企业信息化是经济信息化的重要组成部分。

IT企业每天对企业信息化应用工程师需求约11248个岗位（数据来自51job）：

已选条件：	ERP实施(职位名)
共计职位：	共11248条职位

1. 职业规划发展路线

初级实施工程师	实施工程师	高级实施工程师	实施总监
信息化专员	信息化主管	信息化经理	信息化总监

2. 素质能力提升路径

1 大学生	2 大学生活	3 学习习惯	4 职业目标	5 沟通表达	6 自我管理
12 准职业人	11 职业路线	10 求职技能	9 就业意识	8 融入团队	7 形象礼仪

3. 专业技能提升路径

1 大学生	2 计算机基础	3 编程基础	4 软件工程	5 数据库	6 网站技术
12 准职业人	11 产品规划	10 项目技能	9 高级应用	8 实施技能	7 基础应用

4. 项目介绍

(1) 金蝶K3

(2) 用友U8

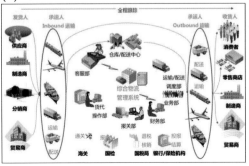

在信息网络时代，网络技术的发展和应用改变了信息的分配和接收方式，改变了人们生活、工作、学习、合作和交流的环境，企业也必须积极利用新技术变革企业经营理念、经营组织、经营方式和经营方法，搭上技术发展的快车，促进企业飞速发展。网络营销是适应网络技术发展与信息网络时代社会变革的新生事物，必将成为跨世纪的营销策略。

互联网企业每天对网络营销工程师需求约47956个岗位(数据来自51job)：

已选条件：	网络推广SEO(职位名)
共计职位：	共47956条职位

1. 职业规划发展路线

网络推广专员	网络推广主管	网络推广经理	网络推广总监
网络运营专员	网络运营主管	网络运营经理	网络运营总监

2. 素质能力提升路径

1 大学生	2 大学生活	3 学习习惯	4 职业目标	5 沟通表达	6 自我管理
12 准职业人	11 职业路线	10 求职技能	9 就业意识	8 融入团队	7 形象礼仪

3. 专业技能提升路径

1 大学生	2 计算机基础	3 编程基础	4 网站建设	5 数据库	6 网站技术
12 准职业人	11 产品规划	10 项目实战	9 电商运营	8 网络推广	7 网站SEO

4. 项目介绍

(1) 品牌手表营销网站

(2) 影院销售网站

HITE 7.0 软件开发与应用工程师

微信小程序开发教程

张家界航空工业职业技术学院
武汉厚溥数字科技有限公司 编著

清华大学出版社

北 京

内 容 简 介

本书按照高等院校、高职高专院校计算机课程的基本要求编写，以一个综合项目的实践来组织内容，突出了计算机课程的实践性特点。每个单元都以任务驱动的方式组织内容，包括任务描述、知识学习和任务实施，有很强的针对性和实用性。

本书比较全面地介绍了微信小程序实战开发技巧，全书分为八个单元，具体内容包括：微信小程序的基本概念和环境搭建；微信小程序基本组件的使用和数据绑定的基本语法；微信小程序模块化开发技巧和本地缓存 API 的使用、页面导航配置、用户登录和授权 API 的基本使用；微信小程序交互 API 的使用和多媒体 API 的使用，包括图片预览、拍照、语音录制和播放等功能；微信小程序的背景音频 API，以及页面分享和微信群聊 API 的使用；配置选项卡和自定义组件的使用；微信小程序的网络请求 API 的使用；用户基本信息的获取、数据缓存的异步操作，以及获取系统信息和网络状态的相关 API 的使用。

本书的内容与时俱进，体现科技发展前沿成果，融入思政教育；结构安排合理，层次清晰，通俗易懂，实例丰富，突出理论和实践的结合，可作为应用型本科、高职高专院校及培训机构的教材，也可供广大程序设计人员参考。

图书在版编目(CIP)数据

微信小程序开发教程 / 张家界航空工业职业技术学院，
武汉厚溥数字科技有限公司编著. -- 北京：清华大学出版社，
2025. 1. -- (HITE 7.0 软件开发与应用工程师).
ISBN 978-7-302-67830-4

Ⅰ. TN929.53

中国国家版本馆 CIP 数据核字第 2024KJ6874 号

责任编辑：刘金喜
封面设计：王　晨
版式设计：恒复文化
责任校对：孔祥亮
责任印制：宋　林

出版发行：清华大学出版社
网　　　址：https://www.tup.com.cn，https://www.wqxuetang.com
地　　　址：北京清华大学学研大厦 A 座　　　邮　　编：100084
社 总 机：010-83470000　　　　　　　　邮　　购：010-62786544
投稿与读者服务：010-62776969, c-service@tup.tsinghua.edu.cn
质 量 反 馈：010-62772015, zhiliang@tup.tsinghua.edu.cn
印 装 者：三河市科茂嘉荣印务有限公司
经　　销：全国新华书店
开　　本：185mm×260mm　　印　张：20.75　　彩　插：2　　字　数：493 千字
版　　次：2025 年 1 月第 1 版　　印　次：2025 年 1 月第 1 次印刷
定　　价：69.00 元

产品编号：106071-01

编 委 会

前　言

　　科技是推动社会进步和国家发展的重要力量，而人才是科技发展的核心资源。在当前科技快速发展的时代背景下，我国积极推进科教兴国战略、人才强国战略和创新驱动发展战略，旨在培养更多的高素质人才，推动科技创新，实现国家的长远发展目标。

　　本书正是在这样的背景下编写的。本书以微信小程序的开发为主题，是一个综合项目的实践，帮助读者逐步掌握微信小程序的开发技术和实战应用。教材的设计理念是项目驱动、任务导向，通过完成具体任务来学习相关知识点，以提高读者的实践能力和综合素质。

　　本书比较全面地介绍了微信小程序实战技巧的主要内容，全书共分为八个单元，每个单元都以完成综合项目的具体任务为目标，通过任务描述、知识学习和任务实施的方式进行讲解。每个单元还配备了单元自测和上机实战部分，以帮助读者巩固所学知识，提高实践能力。各单元的内容如下：

　　单元一介绍微信小程序的基本概念和环境搭建，读者将学习如何使用微信小程序开发工具，并完成项目的第一个页面功能。

　　单元二重点介绍微信小程序基本组件的使用和数据绑定的基本语法。读者将学习如何创建文章列表功能，并实现文章轮播和文章列表的功能。

　　单元三进一步完善欢迎页面和文章列表功能，介绍微信小程序模块化开发的技巧和本地缓存 API 的使用。此外，还将涵盖页面导航配置、用户登录和授权 API 的基本使用。

　　单元四重点介绍文章详情页面的相关功能。读者将学习页面之间的跳转和参数传递，以及微信小程序交互 API 的使用。此外，还将介绍多媒体 API 的使用，包括图片预览、拍照、语音录制和播放等功能。

　　单元五着重介绍文章详情页面的音乐播放和页面分享功能。读者将学习如何使用微信小程序的背景音频 API，以及页面分享和微信群聊 API 的使用。

　　单元六介绍电影模块首页的功能，包括配置选项卡和自定义组件的使用。读者将学习如何创建电影模块的首页，并实现相关功能。

　　单元七重点介绍电影模块的更多电影和电影详情功能。读者将学习如何使用微信小程序的网络请求 API 来获取电影数据。

　　单元八完成个人模块，包括显示个人信息、阅读历史和功能设置。读者将学习用户基本信息的获取、数据缓存的异步操作，以及获取系统信息和网络状态的相关 API 的使用。

本书通过思政教育的融入来帮助读者树立正确的价值观，增强社会责任感，积极参与国家的科技创新和发展，为社会进步和国家繁荣贡献自己的力量。

本书适用于 Web 软件开发专业、Web 前端方向的高职或应用型本科学生。通过对本书内容的学习，读者可全面掌握微信小程序开发的核心知识和实战技巧。

本书配有 PPT 电子课件、案例源代码、教案、课后作业及习题答案，这些资源可通过扫描下方二维码下载。

教学资源

本书编写过程中，得到了编者所在学校领导和同事的帮助，他们提出了许多宝贵的意见和建议，在此表示衷心的感谢。

由于编写时间和编者的水平有限，书中难免存在不足之处，希望广大读者批评指正。

服务邮箱：wkservice@vip.163.com，476371891@qq.com。

编　者

2024 年 4 月

目　录

探索微信小程序的世界

课程目标

项目目标

❖ 搭建微信小程序开发环境

❖ 搭建微信小程序项目

❖ 实现项目的欢迎页面功能

技能目标

❖ 了解微信小程序的相关概念

❖ 掌握微信小程序的环境搭建与开发工具

❖ 了解微信小程序的基本文件结构

❖ 掌握微信小程序的样式语言(WXSS)

❖ 熟悉使用组件(view、text、image)构建页面

❖ 了解小程序的全局配置文件、全局样式和应用程序级别 JS 文件

素质目标

❖ 养成严谨求实、专注执着的职业态度

❖ 具有良好的技能、知识拓展能力

❖ 具有程序开发人员的基本素养

 简介

微信小程序(WeChat Mini Program)，是一个不需要下载安装即可使用的应用小程序，它实现了应用"触手可及"的梦想，用户扫一扫或搜一下即可打开应用。本单元将介绍小程序的一些基本概念与特性，让大家对小程序有一个整体的认知。同时还将介绍关于微信小程序开发的环境搭建和开发工具的基本使用方法，并在此基础上带着大家完成第一个简单的 welcome 页面。

本单元通过思政讲堂的内容介绍近年来中国在科技领域取得的令世界瞩目的重要突破和成就，让读者更加有信心为创造未来的科技奇迹而努力。

任务 1.1　初探微信小程序：揭开神秘面纱

1.1.1　任务描述

在正式开发微信小程序之前，我们首先需要对微信小程序有一个初步的认识，因此本单元的第一个任务就是完成对微信小程序开发与应用的基本了解。本节将介绍微信小程序的应用特点，以及微信小程序与原生的 App 的比较。为了更好地明确学习目标，本任务将重点介绍微信小程序开发与 Web 前端开发的区别，同时介绍贯穿整门课程的综合项目的基本功能。

1.1.2　知识学习

1. 什么是微信小程序

微信小程序英文名为 WeChat Mini Program，是一种不需要下载安装即可使用的应用，它实现了应用"触手可及"的梦想，用户扫一扫或搜一下即可打开应用。小程序可以在微信内被便捷地获取和传播，同时具有出色的使用体验。经过近几年的发展，新的微信小程序开发环境和开发者生态已经形成。微信小程序也是这么多年来中国 IT 行业中一个真正能够影响普通程序员的创新成果，已经有超过 150 万的开发者加入到微信小程序的开发，共同发力推动微信小程序的发展。目前微信小程序应用数量已超过一百万，覆盖 200 多个细分的行业，日活用户达到两亿，微信小程序还在许多城市实现了支持地铁、公交服务。微信小程序发展带来了更多的就业机会，2017 年小程序带动 104 万人就业，社会效应不断提升。

总之，微信小程序的重要特征有：无须安装与卸载、开放注册范围(个人、企业、政府、媒体、其他组织)、可以快速开发且参与开发者比较多、便于传播且用户体验出色。

我们来直观感受一下小程序，图 1-1 和图 1-2 所示分别为点餐小程序和疫情期间的服务型小程序。

图 1-1　点餐小程序

图 1-2　服务型小程序

在微信中我们使用小程序的场景非常多，最大的感受就是随时搜索出来即可直接使用，不像原生 App，需要在 AppStore 或应用市场中下载，完成安装后才能使用，而且有的应用并不经常使用，可能一个月甚至一年才使用一两次，而这些使用频率较低的应用却要长期"驻扎"在我们的手机中，这与小程序"随时可用，触手可及"的优势完全无法相比。

2. 微信小程序与原生 App 的比较

现在已经上线的微信小程序已经非常丰富，一般"简单的""低频的""对性能要求不高的"功能适合用小程序来开发。"简单的"是指应用本身的业务逻辑并不复杂，如"老乡鸡"小程序，其业务逻辑就非常简单，用户可以利用该小程序挑选想吃的菜肴，下单、支付都比较简单；又如"猫眼"小程序，它为用户提供在线购买电影票的服务，整个服务的时间是短暂的，"即买即走"。相比于原生 App(IOS、Android)，小程序具有比较显著的如下优势：

- 跨平台(对于 iOS 和 Android 两个平台只需要开发一套程序)。
- 具备接近于原生 App 的体验。
- 对原生组件有访问能力。
- 具备缓存能力。
- 上手容易，开发逻辑较为简单。

小程序和主流 App 的优劣势对比如表 1-1 所示。

表 1-1　小程序和主流 App 的对比

属性	微信小程序	iOS、Android
相关基础语言	JavaScript 和 CSS	Objective-C、Java
性能	较好	极好
成本	低	高
开发效率	低	较高
开发环境配置	简单	较复杂
新手入门速度	快	慢
应用特点	业务简单，使用频率不高	业务逻辑复杂，使用频率高
新版审核周期	较短	较长

3. 微信小程序开发与 Web 前端开发的区别

我们经常在招聘网站看到各种技术类型的职位，如 Java 开发、Web 前端开发、DBA、大数据开发等，但很少看到小程序开发这个职位。除了专门做微信开发的公司，绝大多数的小程序都由 Web 前端工程师开发。因此，在 Web 前端职位中经常会看到一项要求：熟悉微信小程序的开发者优先考虑。正如现在 Web 前端职位都要求应聘者精通 jQuery、Vue、Grunt 等一样，了解小程序成为了 Web 前端职位的一项加分项。

微信小程序的开发流程也非常简单，基本分为注册(在微信公众平台注册小程序，完成注册后可以同步进行信息完善和开发)、小程序信息完善(填写小程序的基本信息，包括名称、头像、介绍及服务范围等)、开发小程序(完成小程序开发者绑定、开发信息配置后，开发者可下载开发者工具、参考开发文档进行小程序的开发和调试)、提交审核和发布(完成小程序开发后，提交代码至微信团队审核，审核通过后即可发布，但公测期间不能发布)4个步骤。

1.1.3　任务实施

1. 贯穿项目功能介绍

为了更好地让大家把微信小程序的知识应用到实战中，本课程将介绍一个微信小程序综合实战项目，通过实战项目驱动的方式讲解小程序开发的技术点，让大家有更加清晰的学习目标。

对于微信小程序的贯穿项目，整体分为文章模块、电影模块和个人模块，使用的技术栈主要有原生 JavaScript(包括 ES6 语法)、CSS、微信小程序 API、Lin UI(第三方插件)，整体结构如图 1-3 所示。

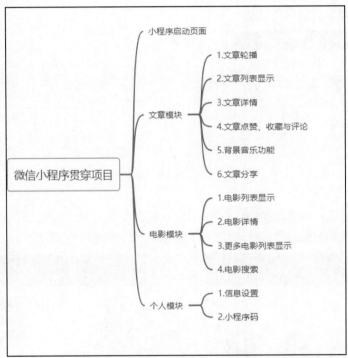

图 1-3　微信小程序贯穿项目整体结构

2. 项目功能演示

项目部署成功，程序自动进入欢迎页面，在欢迎页面点击"开启小程序之旅"进入文章首页，如图 1-4 所示。

在文章首页的顶部可以实现文章图片的轮播，下面是文章列表，列表中显示每篇文章的图片、摘要、对应关注与点赞信息，点击文章图片或标题可以进入文章的详情页面，如图 1-5 所示。

在文章详情页面显示对应文章的图片、标题、发布时间、文章内容、对应的点赞数、评论数、收藏数，在此页面点击音乐播放按钮可以进行背景音乐的播放，同时也可以点击"分享"按钮，分享对应的文章给微信好友。

图 1-4 文章首页

图 1-5 文章详情页面

选择页面底部的"电影"菜单，小程序进入电影模块，此模块已经设计了通过请求服务器数据进行数据交互，电影模块首页分别加载"正在热映""即将上映""豆瓣 Top250"的电影数据，如图 1-6 所示。

在电影模块，主要功能有搜索电影、查看更多电影列表、查看电影详情。此外，在更多电影列表页面中，可以实现下拉刷新电影列表和向下滚动分页加载电影列表的功能，如图 1-7 所示。

图 1-6 电影模块首页

图 1-7 更多电影列表页面

在底部的菜单选择"我的"进入个人页面，效果如图1-8所示。

图1-8 个人页面

在个人页面中可以进行设置和小程序码展示。

以上就是综合项目的整体功能演示，整体功能的实现比较简单，用户很容易入手，这也是小程序的产品定位。下一节将介绍微信小程序的开发环境，以及如何部署微信小程序。

任务 1.2 构建微信小程序：搭建开发环境

1.2.1 任务描述

在了解了微信小程序的基本概念后，本小节将主要完成微信小程序环境的搭建，其核心内容包括微信小程序开发工具的下载与安装，微信开发者工具的界面功能介绍。关于微信小程序的开发，微信官方文档其实提供了非常详细的介绍(网址为 https://developers.weixin.qq.com/miniprogram/dev/devtools/devtools.html)。

1.2.2 任务实施

1. 下载及安装微信开发工具

微信小程序的开发工具官方名称为"微信开发者工具"，其中集成了公众号网页调试和小程序调试两种开发模式。在微信小程序首页(网址为 https://mp.weixin.qq.com/cgi-bin/wx)中的开发支持包括开发文档、开发者工具、设计指南、小程序体验 DEMO，如图 1-9 所示。

图 1-9 "开发支持"页面

单击"开发者工具"，进入微信开发者工具文档首页，如图 1-10 所示。

图 1-10 微信开发工具文档首页

单击图 1-10 中的"下载"链接，进入微信开发者工具下载页面，如图 1-11 所示。

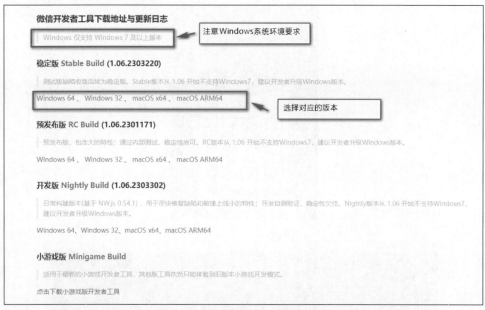

图 1-11 微信开发者工具下载页面

官方提供了 4 个版本的开发工具安装包,分别是 Windows 64、Windows 32、macOS ×64、macOS ARM64。在这里需要特别注意,如果选择 Windows 64 的版本安装包,小程序开发工具不支持 Windows 7 以下的操作系统。对于版本的选择建议选择稳定版,当前版本为稳定版 Stable Build (1.06.2303220)。

下载完成后,双击运行安装,出现如图 1-12 所示的界面。与其他常规的软件开发一样,按照其安装向导提示,一直到安装完成,如图 1-13 所示。

图 1-12 安装向导首页

图 1-13 安装完成界面

2. 新建一个微信小程序项目并注册 AppID

完成微信开发者工具的下载及安装后,我们来新建第一个小程序项目。双击打开微信开发者工具,如果是第一次打开,开发者工具会弹出一个二维码,如图 1-14 所示。由于微信开发者工具需要与用户的微信账号关联,所以在这个步骤中需要先登录,而登录的身份就是自己的微信号,登录后可看到如图 1-15 所示的开发者工具首选页面。

图 1-14　扫描二维码登录页面

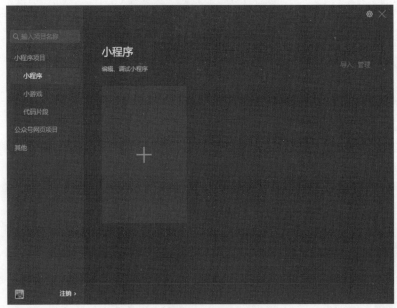

图 1-15　开发者工具首选页面

　　首选页面对应的小程序项目有：小程序、小游戏、代码片段、公众号网页。本门课程主要学习微信小程序的开发，所以选择"小程序"(默认已经选择)，点击右边的"+"创建新项目，将出现如图 1-16 所示的页面。

　　在创建小程序的首页中，"项目名称"和"目录"这两个选项很容易理解。之后的 AppID 选项有"注册"和"使用测试号"两个选项，由于小程序后期发布审核时需要有一个唯一的 ID 号，而"使用测试号"在开发中有很多功能限制，所以推荐大家使用"注册"。"开发模式"选择"小程序"。"后端服务"选择"不使用云服务"，由于小程序的开发与 Web 前端开发一样需要与服务端进行数据交互，微信小程序的服务器数据交互方式除了调用自行开发后端 API(或者第三方 API)，也可以使用云服务的解决方案，在本次课程中由于已经有后端服务的 API，所以重点使用"不使用云服务"的选项。对"模板选择"选项我们选择"不使用模板"。

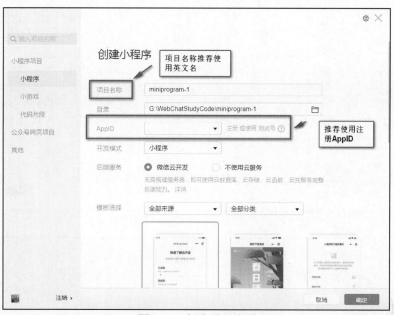

图 1-16 创建项目首页

注意：AppID 代表微信小程序的 ID，这里采用前面的推荐，选择使用注册 AppID，必须拥有微信小程序账号才可以申请 ID 号。在这里不介绍如何申请微信账号，而是重点介绍如何申请 AppID。在创建项目首页"AppID"中点击"注册"或者到微信小程序官网中申请小程序账号，官网网址为 https://mp.weixin.qq.com/cgi-bin/wx?token=&lang=zh_CN。

读者可以根据注册向导完成注册，其步骤为：填写账号信息→激活邮箱→登记信息，完成后登录微信小程序后台管理页面，如图 1-17 所示。

图 1-17 注册微信小程账号

登录成功，点击"开发管理"菜单，进入开发管理页面，点击"开发设置"进入开发设置页面，如图 1-18 和图 1-19 所示。

图 1-18　登录进入小程序开发管理后台页面

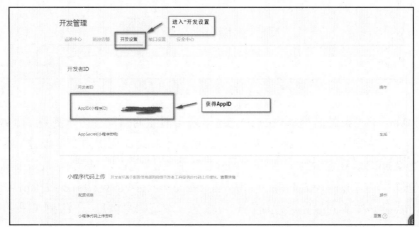

图 1-19　微信小程序开发设置页面

完成 AppID 的申请之后，就可以完成新项目的创建，把对应的 AppID 复制到创建页面，创建第一个微信小程序项目，如图 1-20 所示。

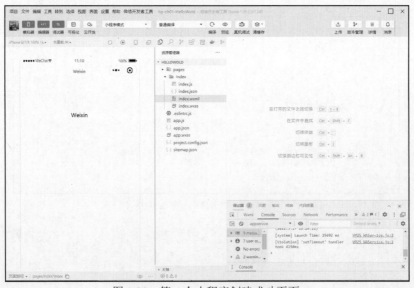

图 1-20　第一个小程序创建成功页面

3. 微信开发者工具界面功能介绍

成功创建项目后，接下来对开发核心功能进行简单介绍。微信开发者工具界面分为四个区域，分别为菜单区、视图预览区、开发者编辑区、调试区，如图 1-21 所示。

图 1-21　微信开发者工具界面

微信小程序的开发工具和我们常用的 Web 前端开发工具的使用习惯比较一致，所以很容易上手，在这里更多地向大家介绍微信开发者工具独有的功能。

在"菜单区"有三个选项卡，分别为"模拟器""编辑器""调试器"，这三个选项卡主要控制"视图区""开发者编辑器""调试区"的显示和隐藏，但需要注意这三个选项卡要至少保留一个内容为显示状态。

相对于 Web 前端开发，微信小程序开发过程中编码的显示效果需要在模拟器中演示，工具默认为 iPhone 6，当然可以选择其他模拟器。在选择模拟器时有三个设置选项，分别为机型、显示比例、字体大小，如图 1-22 所示。

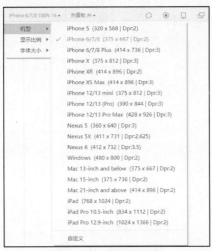

图 1-22　模拟器选择

在微信开发者工具的使用中，关于开发者相关设置的配置也比较重要，在菜单区，可以点击"设置"进入相关配置项的设置，微信开发者工具把常用的内容单独放在"通用"菜单中。进入"通用"设置菜单，如图 1-23 所示。

图 1-23　微信开放工具设置页面

关于配置的具体内容大家可以根据自己的需求进行设置，在这里不再赘述。除此之外在"设置"菜单中还有一个"项目设置"子菜单，点击此选项或者点击 菜单区中的"详情"进入项目设置页面，如图 1-24 所示。

按照如图 1-24 所示的内容进行配置，具体原因我们将在后面的内容中做详细解释。

在这里我们只是给大家介绍微信小程序开发起步的基本设置，在后期的章节中涉及具体的内容时，再介绍对应的细节。当然对于部分深度使用其他 IED(如：Web Storm)或者编辑器(如 VSCode 和 Sublime 3)的设置也可以进行开发，但需要注意只能用官方提供的开发者工具编译小程序。

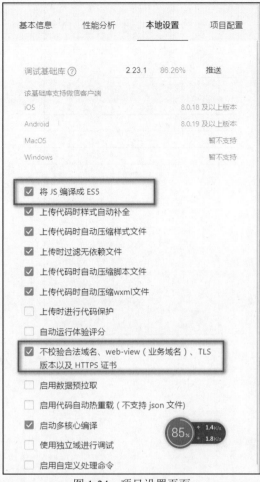

图 1-24 项目设置页面

任务 1.3 微信小程序初体验：制作欢迎页面

1.3.1 任务描述

1. 需求分析

在已完成对微信小程序的基本认识和微信小程序开发环境的搭建后，在本节中将完成综合项目欢迎页面。

2. 效果预览

完成本次任务后，系统自动进入欢迎页面，可以看到如图 1-25 所示的效果。

图 1-25　欢迎页面实现效果

1.3.2　知识学习

1. 小程序的基本目录结构

(1) 全局配置文件。

以新建"HelloWorld"项目为参考，来看一下构成一个小程序的基本文件结构，如图 1-26 所示。

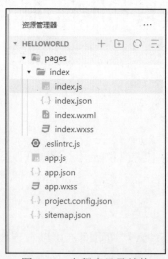

图 1-26　小程序目录结构

不同于其他框架，小程序的目录结构非常简单，也非常易于理解。小程序包含一个描述整体程序的"app"和多个描述各自页面的"page"。一个小程序主体部分由 3 个文件组成，分别是 app.js、app.json 和 app.wxss，必须放在项目的根目录，如表 1-2 所示描述了 3 个文件的意义。

表 1-2　小程序应用文件目录

文件	必需	作用
app.js	是	小程序逻辑文件
app.json	是	小程序配置文件
app.wxss	否	全局公共样式文件

(2) 页面配置文件。

一个小程序页面由四个文件组成，如表 1-3 所示。

表 1-3　小程序页面文件目录

文件类型	必填	作用
js	是	页面逻辑
wxml	是	页面结构
wxss	否	页面样式
json	否	页面配置

WXML(WeiXin Markup Language)是框架设计的一套标签语言，结合基础组件、事件系统，可以构建出页面的结构，类似于我们熟悉的 HTML 文件。

WXSS (WeiXin Style Sheets)是一套样式语言，用于描述 WXML 的组件样式。WXSS 用来决定 WXML 的组件应该怎样显示。类似于我们熟悉的 CSS 文件。

.json 文件用来配置页面的样式与行为。

.js 文件类似于前端开发中的 JavaScript 文件，用来编写小程序的页面逻辑，当然在小程序开发中也支持 TS(TypeScript)的语法。

最后需要注意，为了方便开发者减少配置项，描述页面的四个文件必须具有相同的路径与文件名。

在图 1-26 中我们也可以看到命名为"project.config.json"的文件，这是对应项目的工具配置文件。通常大家在使用工具的时候，都会针对各自的喜好做一些个性化配置，例如界面颜色、编译配置等，当新换一台计算机重新安装工具的时候，还要重新配置。考虑到这点，小程序开发者工具在每个项目的根目录都会生成文件 project.config.json，在工具上做的任何配置都会写入到这个文件，当重新安装工具或者换计算机工作时，只要载入同一个项目的代码包，开发者工具就会自动恢复到开发项目时的个性化配置，其中包括编辑器的颜色、代码上传时自动压缩等一系列选项。

(3) sitemap 配置文件。

微信现已开放小程序内搜索，开发者可以通过 sitemap.json 配置，或者管理后台页面的收录开关来配置其小程序页面是否允许微信索引。当开发者允许微信索引时，微信会通过爬虫的形式，为小程序的页面内容建立索引。当用户的搜索词条触发该索引时，小程序的页面将可能展示在搜索结果中。生成的项目自动生成的配置代码如下：

```
{
    "desc": "关于本文件的更多信息，请参考文档 https://developers.weixin.qq.com/miniprogram/
dev/framework/sitemap.html",
    "rules": [{
    "action": "allow",
    "page": "*"
    }]
}
```

配置 "rules" 选项主要配置索引规则，每项规则为一个 JSON 对象，具体配置 "action" 为 "allow"，"page" 为 "*"，表示所有的页面都被允许。在这里我们对 sitemap 配置暂时做一个初步的了解，具体的内容大家可以查阅官方网页进行查看。

2. 微信小程序样式语言(WXSS)

微信小程序样式语言(WXSS)用来描述 WXML 组件样式，其作用是决定 WXML 的组件应该怎样显示。为了适应广大前端开发者，WXSS 具有 CSS 的大部分特性，同时为了更适合开发微信小程序，WXSS 对 CSS 进行了扩充和修改。需要特别注意的是，小程序中的 CSS 的具体内容如图 1-27 所示。

与 CSS 相比，WXSS 扩展的特性有以下两点。

(1) 尺寸单位。

在前端开发中样式编写一般使用 px 作为单位，但在 WXSS 中，引入了 rpx(responsive pixel)尺寸单位。引用新尺寸单位的目的是，适配不同宽度的屏幕，开发起来更简单。如图 1-28 所示，同一个元素，在不同宽度的屏幕下，如果使用 px 为尺寸单位，可能造成页面留白过多。

选择器

目前支持的选择器有：

选择器	样例	样例描述
.class	.intro	选择所有拥有 class="intro" 的组件
#id	#firstname	选择拥有 id="firstname" 的组件
element	view	选择所有 view 组件
element, element	view, checkbox	选择所有文档的 view 组件和所有的 checkbox 组件
::after	view::after	在 view 组件后边插入内容

图 1-27　微信小程序支持 CSS 选择器

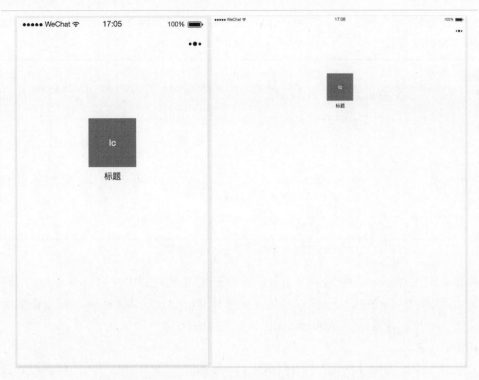

图 1-28　使用 px 为尺寸单位，iPhone 5 与 iPad 视觉对比

修改为 rpx 单位的显示效果则如图 1-29 所示。

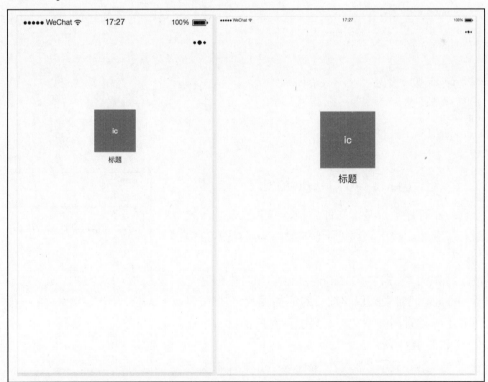

图 1-29　使用 rpx 为尺寸单位，iPhone 5 与 iPad 视觉对比

小程序编译后，rpx 会做一次 px 换算。换算以 375 个物理像素为基准，也就是在一个宽度为 375 物理像素的屏幕下，1rpx = 1px，如图 1-30 所示。

尺寸单位

- rpx（responsive pixel）：可以根据屏幕宽度进行自适应。规定屏幕宽为750rpx。如在 iPhone6 上，屏幕宽度为375px，共有750个物理像素，则 750rpx = 375px = 750物理像素，1rpx = 0.5px = 1物理像素。

设备	rpx换算px (屏幕宽度/750)	px换算rpx (750/屏幕宽度)
iPhone5	1rpx = 0.42px	1px = 2.34rpx
iPhone6	1rpx = 0.5px	1px = 2rpx
iPhone6 Plus	1rpx = 0.552px	1px = 1.81rpx

图 1-30　常用机型 rpx 尺寸换算表

可以看出在 iPhone 6 的设备中，rpx 单位和 px 单位的换算比例为 1px=2rpx，刚好是一个整数，所以对于小程序的开发，模拟器一般选择 iPhone 6(默认选择)。在开发微信小程序时，官方文档也推荐设计师用 iPhone 6 作为视觉稿的标准。

(2) 样式导入。

使用@import 语句可以导入外联样式表，@import 后面是需要导入的外联样式表的相对路径，用;表示语句结束。

示例代码：

```
/** common.wxss **/
.small-p {
    padding:5px;
}
/** app.wxss **/
@import "common.wxss";
.middle-p {
    padding:15px;
}
```

3. 基本组件(view、text、image)的使用

上面对小程序项目基本文件结构、样式以及响应式单位进行了介绍，接下来通过示例向大家展示基本组件的使用。

为了测试需要，需要在 HelloWorld 的项目中创建一个名为 images 的目录来保存项目对应的图片资料(微信开发工具不支持直接复制文件，只能到对应的目录中进行操作)，如图 1-31 所示。

使用基本组件显示，需要在 index.wxml 文件中编写代码，代码示例如下：

图 1-31　添加 images 目录

```
<!-- view 组件是一个容器组件，相当于 html 中的 div -->
<view class="container">
  <!-- image 组件，相当于 html 的 img 标签 -->
  <image class="avatar" src="/images/bingdundun.jpg"></image>
  <!--text 组件，主要显示文本内容，相当于 html 的 p 标签-->
  <text class="motton">大家好！我是萌企鹅。</text>
</view>
```

保存代码，微信小程序开发工具自动进行编译，并且在模拟器中显示对应的内容，如图 1-32 所示。

图 1-32　index 页面显示效果

为了让页面的显示效果更加美观，可以为页面编写样式，在这里可以在页面对应的样式 index.wxss 文件中编写如下的样式代码。

```
/* 设置页面整体的背景颜色 */
.container{
  background-color: #ECC0A8;
}
/* 设置图片的样式 */
.avatar{
 width:200rpx;
 height:200rpx;
 border-radius: 50%;
}
/* 设置文本的样式 */
.motto{
 margin-top:100rpx;
```

```
font-size:32rpx;
font-weight: bold;
color:#9F4311;
}
```

设置样式后保存，运行效果如图 1-33 所示。

图 1-33　加入样式后的显示效果

以上的显示效果对于图片和文字的内容显示基本与预期一样，但背景颜色有一部分是白色，即样式没有效果。分析原因：由于设置容器组件 view 的背景颜色，而 view 组件的高度未设置，所以背景颜色只会显示容器中内容填充的部分高度。接下来介绍如何解决。

可以通过调试器工具查看页面元素，如图 1-34 所示，page 元素为页面的根元素。

图 1-34　查看页面元素

在样式代码中设置 page 元素的背景颜色，代码如下。

```
/* 设置页面整体的背景颜色 */
page{
 background-color: #ECC0A8;
}
```

保存代码并重新运行，效果如图 1-35 所示。

图 1-35　设置背景颜色后的显示效果

　　在上面的示例中，使用最常规的组件完成"Hello World"的页面效果，我们知道在前端开发中所编写的 HTML 和 CSS 代码是在浏览器的引擎中通过渲染视图最终把结果呈现到用户面前的；而小程序不同，编写页面元素不是标签而是组件，即小程序对常用的效果进行封装，使得开发人员的开发效果更好，同时编写完小程序的代码后需要先编译，然后再运行最终展示运行效果，微信小程序开发工具默认的设置是保存文件时自动编译，当然也可以通过自定义进行设置，如图 1-36 所示。

图 1-36　设置是否保存时自动编译

如果关闭保存时自动编译，可以通过单击工具栏上的"编译"按钮手动进行编译。

1.3.3 任务实施

在上一节，我们通过创建项目利用微信开发者工具为所创建的 index 页面完成基本组件，接下来正式开始构建贯穿项目的欢迎页面(welcome 页面)。具体步骤如下：

(1) 创建页面。

在 pages 目录中创建 welcome 目录，并在 welcome 目录中创建页面，具体操作如图 1-37 所示。

创建完成后，开发工具自动创建 welcome.js、welcome.json、welcome.wxml、welcome.wxss 四个文件，如图 1-38 所示。

图 1-37　创建新页面

图 1-38　创建 4 个 welcome 文件

(2) 添加页面声明。

在 app.json 中配置页面路径，如图 1-39 所示。

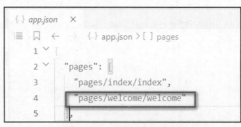

图 1-39　配置页面路径

当前应用中有两个页面，所以需要配置 index 页面和 welcome 页面，这个步骤就是把页面实例注册到小程序中的过程。app.json 的属性 pages 接收一个数组，数组的每一项是一个字符串。需要注意的是，页面前面不加"/"，形如"/page/welcome/welcome"这样的路径是错误的，否则运行小程序会提示错误，如图 1-40 所示。

图 1-40　未正确调用 page( )的错误提示

（3）构建页面元素和样式。

接下来构建 welcome 页面的元素和样式。welcome 页面元素，显示一张图片、文字提示以及进入主页面的按钮，在前端开发中 HTML 的按钮可以使用 a 标签或者 span 标签实现，在这里使用<text>组件实现。welcome.wxml 元素文件和 welcome.wxss 样式文件的代码如下：

```
<view class="container">
  <image class="avatar" src="/images/bingdundun.jpg"></image>
  <text class="motto">Hello, 萌企鹅</text>
  <view class="journey-container">
    <text class="journey">开启小程序之旅</text>
  </view>
</view>
/* 页面使用 Flex 进行布局 */
.container{
 display: flex;
 flex-direction:column;
 align-items: center;
}

/* 图像样式 */
.avatar{
 width:200rpx;
 height:200rpx;
 margin-top:160rpx;
 border-radius: 50%;
}
/* 图像下方的文本样式 */
.motto{
 margin-top:100rpx;
 font-size:32rpx;
 font-weight: bold;
 color:#9F4311;
}

/* 按钮容器样式 */
.journey-container{
 margin-top: 200rpx;
```

```
    border: 1px solid #EA5A3C;
    width: 200rpx;
    height: 80rpx;
    border-radius: 10rpx;
    text-align:center;
}

/* 按钮样式 */
.journey{
  font-size:22rpx;
  font-weight: bold;
  line-height:80rpx;
  color: #EA5A3C;
}

/* 设置背景颜色样式 */
page{
  background-color:#ECC0A8;
}
```

图 1-41　欢迎页面运行效果

保存文件并自动编译，运行效果如图 1-41 所示。

需要注意的是，微信页面样式的布局推荐使用弹性盒子布局，在这里不进行赘述，读者可以参考网址 https://www.runoob.com/css3/css3-flexbox.html 进行学习。

(4) 设置配置。

从运行的效果来看，页面顶部的背景色为白色，标题为"WeiXin"，接下来通过页面配置进行设置，根据项目需求在对应的页面"welcome.json"的配置文件中进行配置，代码如下：

```
{
"usingComponents": {},
"navigationBarBackgroundColor": "#ECC0A8",
"navigationBarTextStyle":"black",
"navigationBarTitleText": "厚溥微信小程序欢迎你"
}
```

页面配置中：

① usingComponents：页面自定义组件配置。

② navigationBarBackgroundColor：导航栏背景颜色，如#000000。

③ navigationBarTextStyle：导航栏标题样式，仅支持 black/white。

④ navigationBarTitleText：导航栏标题文字内容。

当然页面配置内容项还有很多，读者可以根据需要参考官方提供的文档(网址为 https://developers.weixin.qq.com/miniprogram/dev/reference/configuration/page.html)进行学习。

设置页面配置的内容，运行效果如图 1-42 所示。

前面介绍过关于 app.json 应用级别的配置文件，为使小程序保持统一的风格样式，也可以在 app.json 中进行全局配置，代码如下：

```
{
  "pages": [
    "pages/index/index",
    "pages/welcome/welcome"
  ],
  "window": {
    "backgroundTextStyle": "light",
    "navigationBarBackgroundColor": "#fff",
    "navigationBarTitleText": "Weixin",
    "navigationBarTextStyle": "black"
  },
  "style": "v2",
  "sitemapLocation": "sitemap.json"
}
```

图 1-42 欢迎页面设置导航配置后的效果

在全局的配置文件中，如果需要配置页面导航栏的相关设置，需要通过"window"下的属性进行，这些配置由于是全局的配置，会作用于整体应用的所有页面，这也是没有设置 welcome 页面导航栏配置，标题为"Weixin"的原因。当全局配置项和页面局部配置项冲突时，系统会选择就近原则，也就是以页面配置内容覆盖全局配置的内容，可以看到当在页面设置导航栏标题属性为"厚溥微信小程序欢迎你"时，页面最后显示的效果是页面配置中的标题内容。

===== 思政讲堂 =====

中国科技发展，构建未来的奇迹

党的二十大报告指出，我国已建成世界最大的高速铁路网、高速公路网，机场港口、水利、能源、信息等基础设施建设取得重大成就。我国在推进科技自立自强的同时，基础研究和原始创新不断加强，一些关键核心技术实现突破，战略性新兴产业发展壮大，载人航天、探月探火、深海深地探测、超级计算机、卫星导航、量子信息、核电技术、新能源技术、大飞机制造、生物医药等取得重大成果，进入创新型国家行列。

近年来，中国在科技领域取得了令世界瞩目的重要突破和成就。中国在人工智能、大数据、云计算等领域的创新和应用，以及中国科技企业在国际舞台上的崛起，都展示了中国自主科技发展的强大实力和巨大潜力。

首先，中国在人工智能领域取得了长足的进步。中国的科研机构和企业积极推动人工智能技术的研发和应用，涌现出了一批具有国际影响力的人工智能企业。中国的人工智能技术在图像识别、语音识别、自然语言处理等方面取得了重要突破，为社会生产和生活带来了巨大的变革。例如，人工智能技术在医疗诊断、智能交通、智能制造等领域的应用，提高了效率、降低了成本，为人们带来了更好的生活品质。

其次，中国在大数据和云计算领域也取得了显著成就。中国积极推动大数据技术的发展和应用，建设了一批大数据中心和云计算平台。这些平台为各行各业提供了强大的数据处理和存储能力，推动了数字经济的快速发展。中国的大数据技术在金融、物流、农业等领域的应用，为企业提供了更精准的决策支持，促进了经济的创新和增长。

此外，中国科技企业在国际舞台上的崛起也是中国自主科技发展的重要体现。中国的科技企业通过自主创新和国际合作，逐渐在全球市场上崭露头角。例如，中国的互联网巨头在移动支付、电子商务、共享经济等领域取得了巨大成功，成为全球范围内的领先企业。这些企业的崛起不仅推动了中国经济的发展，也为全球科技创新带来了新的机遇和挑战。

中国自主科技发展的故事激发了人们对科技创新的兴趣，并引导人们思考科技发展对社会和个人的影响。科技创新不仅为社会带来了巨大的经济效益，也为人们的生活带来了便利和改善。然而，科技发展也带来了一些伦理和社会问题，例如数据隐私保护、人工智能的道德问题等。因此，我们需要思考如何在科技发展的同时保护个人权益和社会公正，推动科技与人文精神的融合，以实现科技发展与社会进步的有机统一。

大家知道吗？中国有一位科学家叫郭守敬，他在明朝时期发现了一颗新的行星。那是在公元1442年，当时郭守敬正在进行天文观测。他仔细观察了夜空中的星星，并发现了一个新的亮点。他观察了很长时间，发现这个亮点的位置和轨道都与其他星星不同。经过进一步的研究，郭守敬确认这是一颗新的行星，他将其命名为"火星"。这个发现对天文学的发展产生了重要的影响，也让我们更加了解了宇宙的奥秘。

综上所述，中国自主科技发展的故事展示了中国在科技创新领域的强大实力和巨大潜力。通过了解和思考这些故事，我们能够更好地认识到科技创新对社会和个人的影响，培养对科技发展的兴趣和思考能力，并推动科技与社会伦理的有机结合，为实现科技创新与社会进步的目标贡献力量。

作为中国的未来，我们应该积极学习科技知识，培养创新精神，为科技发展贡献自己的力量。让我们一起努力，为构建未来的科技奇迹而努力吧！

(参考文献：二十大报告. 人民政协网，https://www.rmzxb.com.cn/c/2022-10-25/3229500.shtml)

单元小结

- 了解微信小程序的基本特点。
- 使用微信开发者工具对小程序进行开发。
- 微信小程序的主体部分包括小程序逻辑文件、小程序配置文件、全局公共样式文件。

- 微信小程序的页面元素都是由组件构建的。

1. 下列关于微信小程序的说法，正确的是(　　)。
   A. 微信小程序无须安装下载，运行在微信环境下
   B. 微信小程序与 WebApp 应用的进入方式完全相同
   C. 微信小程序具有开发周期短、开发成本比较低等优点
   D. 微信小程序可以跨平台(支持 Android、iOS)
2. 搭建小程序开发环境，主要就是安装(　　)。
   A. Chrome　　　　　　　　　　B. 微信开发者工具
   C. 编辑器　　　　　　　　　　D. 微信客户端
3. 关于微信开发者工具，下面说法正确的是(　　)。
   A. 在微信公众平台网站中找到微信开发者工具的下载地址，根据不同版本进行下载安装
   B. 为了方便开发，开发者工具提供了两种模板，分别是"普通快速启动模板"和"插件快速启动模板"，前者用于开发小程序，后者用于开发小程序的插件
   C. 微信开发者工具的主界面主要由菜单栏、工具栏、模拟器、编辑器和调试器组成
   D. 使用微信开发者工具之前，需要注册并申请微信公众号来获取 AppID
4. 下列选项中，属于微信开发者工具功能的是(　　)。
   A. Console 面板　　　　　　　B. Network 面板
   C. Sources 面板　　　　　　　D. AppData 面板
5. 下列选项中，关于微信小程序目录结构的说法正确的是(　　)。
   A. project.config.json 文件是用来设置项目的配置文件
   B. app.js 是用来设置应用的逻辑文件
   C. app.json 文件为应用程序配置文件
   D. pages 是页面文件的保存目录

上机目标

- 掌握微信小程序开发者工具的常用操作与设置。
- 掌握微信小程序文件结构。
- 开发简单的微信小程序页面。

上机练习

◆ 第一阶段 ◆

练习1：创建空白小程序项目，完成如图 1-43 所示的页面效果。

图 1-43　创建测试页面 1 效果

【问题描述】

使用微信小程序推荐的 Flex 布局方式完成测试页面效果。

【问题分析】

根据上面的问题描述，测试页面效果需要使用微信小程序中的 image 组件、text 组件、view 组件来实现，其组件的布局使用 Flex 布局完成。

【参考步骤】

(1) 打开微信开发者工具，创建一个微信小程序项目。

(2) 创建 images 目录，把对应的图片资料复制到此目录中。

(3) 在 pages 目录中创建新目录 index，在 index 目录中创建页面，完成商场首页的框架与样式，新创建页面元素的代码如下：

```
<view class="container">
  <image class="userinfo-avatar" src="/images/1.png" mode="" />
  <text class="motto">你好！微信小程序</text>
  <view  class="journey-container">
    <text class="journey">开启小程序之旅</text>
  </view>
</view>
```

对应页面样式的代码如下：

```
.container{
  display: flex;
  flex-direction:column;
  align-items: center;
}

.userinfo-avatar{
  width:200rpx;
  height:200rpx;
  border-radius: 50%;
  margin-top: 20rpx;
  margin-bottom: 20rpx;
}

.motto{
  margin-top:80rpx;
  font-size:32rpx;
  font-weight: bold;
  color:#9F4311;
  margin-bottom: 20rpx;
}

/* 按钮容器样式 */
.journey-container{
  margin-top: 200rpx;
  border: 1px solid #EA5A3C;
  width: 200rpx;
  height: 80rpx;
  border-radius: 10rpx;
  text-align:center;
}

/* 按钮样式 */
.journey{
  font-size:22rpx;
  font-weight: bold;
  line-height:80rpx;
  color: #EA5A3C;
}

/* 设置背景颜色样式 */
page{
  background-color:#b3d4db;
}
</view>
```

(4) 完成代码编写后，保存并运行代码就可以看到如图 1-43 所示的效果。

◆ 第二阶段 ◆

练习 2：在练习 1 的项目中再创建一个新页面，完成如图 1-44 所示的文章页面效果。

图 1-44　创建测试页面 2 效果

【问题描述】

如图 1-44 所示，文章页面效果包含文章图片、文章标题、作者信息、发布时间、文章内容信息等。

【问题分析】

根据问题描述，文章的页面实现可以参考测试页面 1 效果的实现步骤完成。

单元 二

打造动态文章展示

课程目标

项目目标

❖ 实现文章页面轮播功能

❖ 实现文章页面列表功能

❖ 实现从欢迎页面跳转到文章页面的功能

技能目标

❖ 理解.js 文件的代码结构与 page 页面的生命周期

❖ 掌握微信小程序数据绑定与 setData 函数(Mustache 语法)

❖ 掌握微信小程序事件与事件冒泡

❖ 掌握微信小程序路由机制

素质目标

❖ 勇于挑战传统思维，提出新颖的解决方案

❖ 遵循软件工程师编码开发的基本原则

❖ 培养关注用户体验，不断优化产品，以满足用户需求的思维

 简介

在完成"welcome"欢迎页面后，我们将实现项目中"发现"模块的文章列表页面的功能。文章列表页面分别展示一个 banner 轮播图与一组文章列表。在完成此功能的同时，将介绍如何使用 swiper 组件和 swiper-item 组件构建 banner 轮播图以及组件属性设置的使用技巧。

除此之外，本单元将介绍小程序中.js 文件结构与 page 页面的生命周期的使用和数据绑定的相关内容。小程序数据绑定是小程序开发中一个重要的概念，本单元将介绍其概念及对应的 Mustache 语法的使用技巧，以及和传统的 Web 网页编程最大的不同。在小程序中，几乎所有和数据相关的操作都使用数据绑定完成。

在本章的功能实现中，涉及多个页面的跳转，在实现功能之前，本单元将介绍微信小程序中事件和路由的使用方法，让大家了解小程序中的事件处理和路由与传统的 Web 网站开发。

在微信小程序开发中，数据绑定是一种强大的技术，它可以实现视图与数据之间的双向绑定，使开发人员能轻松创建动态交互式界面。然而，数据绑定不仅是一种技术工具，更是一种创新思维的体现。作为未来的科技人才，在这个人工智能时代，我们需要思考如何迎接新挑战。

任务 2.1　动态轮播：用 swiper 组件实现文章滚动展示

2.1.1　任务描述

1. 具体的需求分析

上一单元完成了项目的第一个页面：welcome 欢迎页。本单元将构建第二个页面：文章页面。文章页面主要由两个部分构成，上半部分是一个轮播图，下半部分是文章列表。在实际的应用中轮播效果是一个非常常用的效果，一般在文章页面的上半部分都是关于热门文章或推荐文章的图文轮播效果实现。本节将使用微信小程序的 swiper 和 swiper-item 组件实现轮播效果。

2. 效果预览

完成本次任务，编译完成进入文章页面，可以看到如图 2-1 所示的效果。

图 2-1　文章轮播效果

2.1.2　知识学习

在完成"welcome"欢迎页面的功能任务中，我们已经了解到在微信小程序中页面显示的元素基本都是以组件的方式进行处理的，这样的好处很明显，就是不需要处理显示元素的基本功能，通过设置组件的属性就可以满足应用的需求。同样，在微信小程序中也可以对轮播这一常用的应用场景进行组件化，用户不需要自己编写代码来实现这样的轮播效果，小程序已经提供了一个现成的组件——swiper。接下来简单介绍 swiper 和 swiper-item 组件的使用。

swiper 和 swiper-item 组件和 view 组件一样属于微信小程序内置组件的视图容器组件。在一般情况下，swiper 组件和 swiper-item 组件是成对使用的，也就是说 swiper 组件只可放置 swiper-item 组件，否则会导致未定义的行为。

swiper 组件的功能为滑动视图容器，其常用属性如下：

(1) indicator-dots：boolean 类型。用来指定是否显示面板指示点，默认值为 false。

(2) indicator-color：color 类型。用来指定显示面板的颜色，默认值为 rgba(0, 0, 0, 3)。

(3) indicator-active-color: color 类型。用来指定当前选中的指示点颜色，默认值为#000000。

(4) autoplay：boolean 类型。用来指定是否自动播放，默认值为 false。

(5) interval：number 类型。用来设置 swiper-item 的自动切换时间间隔，默认值为 5000 毫秒。

(6) circular：boolean 类型。用来指定是否循环轮播滚动，默认值为 false。

swiper 组件的属性使用都比较简单，更多属性可以参考官方 API 文档(网址为 https://developers.weixin.qq.com/miniprogram/dev/component/swiper.html)。

swiper-item 组件仅可放置在 swiper 组件中，宽高自动设置为 100%。

2.1.3 任务实施

1. 完成轮播图的基本功能

对完成轮播图效果的 swiper 组件和 swiper-item 组件的使用有基本的了解后，接下来通过示例讲解如何使用 swiper 和 swiper-item 组件完成轮播图。

我们的示例基于单元一的项目进行编码，其具体示例步骤如下：

（1）创建文章列表页面。

在 pages 目录创建一个名为 posts 的页面，然后通过微信开发工具创建页面所需要的 4 个文件，如图 2-2 所示。

在这里需要做一个调整，在 app.json 中，将 posts 页面的配置调整到 pages 数组的第一个元素，代码如下：

图 2-2　加入文章列表后的目录结构

```
{
  "pages": [
    "pages/posts/posts",
    "pages/welcome/welcome",
    "pages/index/index"
  ],
  "window": {
    "backgroundTextStyle": "light",
    "navigationBarBackgroundColor": "#fff",
    "navigationBarTitleText": "Weixin",
    "navigationBarTextStyle": "black"
  },
  "style": "v2",
  "sitemapLocation": "sitemap.json"
}
```

更改完成后，保存或重新编译项目，启动页面将不再是 welcome 页面，而变成了 posts 页面，这样的调整也是在开发中调试本页面的实现效果，如图 2-3 所示。

（2）使用 swiper 组件和 swiper-item 组件构建页面内容并设置页面样式。

在编写代码之前，我们需要在小程序的 images 目录下新建一个目录，并把对应的素材复制到该目录中，如图 2-4 所示。

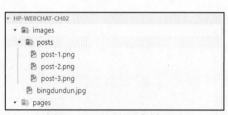

图 2-3 调整 posts 页面配置后的运行效果   图 2-4 posts 页面素材目录

接着在 posts 页面文件 post.wxml 中添加页面元素。在最外层使用<view></view>作为整个页面的容器，在 view 中加入一个 swiper 组件。swiper 组件主要有多个 swiper-item 组件，每个 swiper-item 组件内都加入一个 image 组件，用来显示 UI 效果。添加轮播图的代码如下：

```
<view>
  <swiper>
    <swiper-item>
      <image src="/images/posts/post-1.png"></image>
    </swiper-item>
    <swiper-item>
      <image src="/images/posts/post-2.png"></image>
    </swiper-item>
    <swiper-item>
      <image src="/images/posts/post-3.png"></image>
    </swiper-item>
  </swiper>
</view>
```

保存代码，运行效果如图 2-5 所示。

图 2-5　使用 swiper 后的效果图

　　从显示的效果可以发现图片的尺寸不正确，这是由于 image 组件的默认宽度为 320px、高度为 240px，因此图片并没有填充满整体屏幕的宽度，我们需要通过设置样式的办法来进行调整，在 posts.wxss 中添加样式，代码如下：

```
/* 设置 swiper-item 中 image 组件的样式 */
swiper image{
  width: 100%;
  height: 460rpx;
}
```

　　添加完代码后，保存预览，发现图片的尺寸依然不正确。高度已经设置为 460rpx，但宽度没有呈现 100%。还需要对 swiper 组件设置同样的样式，在 post.wxss 中设置 image 组件样式，代码如下：

```
/* 设置 swiper 的样式 */
swiper{
  width: 100%;
  height: 460rpx;
}

/* 设置 swiper-item 中 image 组件的样式 */
swiper image{
  width: 100%;
  height: 460rpx;
}
```

　　此时保存并编译小程序，可以发现运行效果已经符合预期的效果，如图 2-6 所示。

(3) 设置 swiper 属性。

在实际需求中对于文章页面的轮播图需要设置轮播面板指示点和自动轮播，接下来将基于上面介绍的属性对代码进行修改，示例代码如下：

```
<view>
  <swiper indicator-dots="true" indicator-active-color="#fff" autoplay="true" interval="5000"
circular="true">
    <swiper-item>
      <image src="/images/posts/post-1.png"></image>
    </swiper-item>
    <swiper-item>
      <image src="/images/posts/post-2.png"></image>
    </swiper-item>
    <swiper-item>
      <image src="/images/posts/post-3.png"></image>
    </swiper-item>
  </swiper>
</view>
```

保存编译并预览运行效果，如图 2-7 所示。

图 2-6　同时设置 swiper 和 image 样式的效果图

图 2-7　设置轮播属性后的效果图

从运行后的效果可以看出，swiper 组件上出现了 3 个小圆点，并且颜色为默认的黑色且有点透明，当前轮播的圆点为白色。图片开始轮播，每隔 5 秒更换一张。

2. 完善功能：组件属性设置的 boolean 陷阱

在这里需要注意的是在设置组件属性时有一个 boolean 陷阱的问题。例如，我们把 indicator-dots 属性设置为 "false"，保存并运行，会发现运行效果与预期不出现小圆点的效果不一样，即设置属性无效。同样，设置 indicator-dots="aaa"或 indicator-dots="bbb"等属性值都不会发生变化。这里的主要原因是小程序组件中 boolean 类型的属性并不是 boolean 类型，而是字符串类型，程序在执行读取这个内容时使用 JavaScript 语言会将其解析为 true。因此，设置 indicator-dots="false"属性运行效果与预期的效果不一样。在这里设置 boolean 类型属性为 false，有以下几种方式：

(1) 不加入 indicator-dots 属性。

(2) 设置 indicator-dots=""。

(3) 设置 indicator-dots="{{false}}"。

设置 boolean 类型属性为 true，有以下几种方式：

(1) 加入 indicator-dots 属性，不设置属性值。

(2) 设置 indicator-dots="true"。

(3) 设置 indicator-dots="{{true}}"。

以上几种写法，尤其是第三种写法，运用了后面要学习的核心知识点：数据绑定的语法。综上所述，设置属性代码的推荐写法如下：

```
<view>
    <swiper indicator-dots="{{true}}" indicator-active-color="#fff" autoplay="{{true}}"
    interval="5000" circular="{{true}}">
      <swiper-item>
        <image src="/images/posts/post-1.png"></image>
      </swiper-item>
      <swiper-item>
        <image src="/images/posts/post-2.png"></image>
      </swiper-item>
      <swiper-item>
        <image src="/images/posts/post-3.png"></image>
      </swiper-item>
    </swiper>
</view>
```

以上使用 swiper 和 swiper-item 组件成功地制作了文章页面的轮播图。

任务 2.2 文章列表构建：实现文章页面的列表展示功能

2.2.1 任务描述

1. 具体需求分析

在上一小节中已经完成文章页面的轮播效果，本小节的任务依然基于文章页面，完成其下半部分中的文章列表功能。在文章列表的功能实现中需要实现文章列表的数据动态化，在这里首先了解微信小程序的页面渲染逻辑相关知识，同时还需要使用到微信小程序开发中非常重要的一个内容，就是数据绑定的知识。

2. 效果预览

完成本次任务，进入文章页面，可以看到如图 2-8 所示的效果。

图 2-8　文章列表实现效果图

2.2.2　知识学习

1. .js 文件的代码结构与 page 页面的生命周期

(1) 渲染层和逻辑层。

完成 swiper 轮播图后，按照逻辑马上完成文章页面的下半部分——文章列表。为了更好地理解文章列表的数据绑定元素，首先介绍微信小程序页面逻辑单元和页面生命周期相关问题。在前面的内容中已经介绍过小程序基本结构目录，介绍过页面文件，包括元素结构文件(*.wxml)、样式文件(*.wxss)、配置文件(*.json)、逻辑处理文件(*.js)。在本节将涉及逻辑处理文件，在处理页面逻辑之前，首先需要知道页面的执行逻辑，在这里通过介绍 page 页面的生命周期来理解 page 的执行逻辑，为后面学习如何进行数据绑定的内容做准备。

在理解 page 页面生命周期之前，先提前了解关于微信小程序渲染层和逻辑层的运行机制，尽管现在还不需要全部理解，但对于理解 page 的生命周期和数据绑定的内容非常有帮助。

小程序的渲染层和逻辑层分别由两个线程管理：渲染层的界面使用 WebView 进行渲染；逻辑层采用 JsCore 线程运行 JS 脚本。一个小程序存在多个界面，所以渲染层存在多个 WebView 线程，这两个线程的通信会经由微信客户端(下文中也会采用 Native 来代指微信客户端)做中转，逻辑层发送的网络请求也经由 Native 转发。小程序的通信模型如图 2-9 所示。

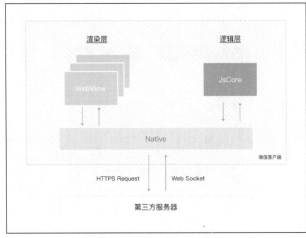

图 2-9　小程序的通信模型

下面结合小程序的通信模型介绍微信小程序页面效果的执行步骤：

① 微信客户端在打开小程序之前，会把整个小程序的代码包下载到本地。

② 通过 app.json 的 pages 字段就可以知道当前小程序的所有页面路径，为实例化对应的示例做好准备。

③ 小程序启动之后，实例化 App 实例，对全页面进行共享，并执行对应的回调函数。

④ 小程序根据所读取的页面文件的结构、样式、配置等数据，将渲染的内容传送给用户。

(2) 页面的生命周期。

微信小程序的 MINA 框架分别提供 5 个生命周期函数来监听 5 个特定的生命周期，以方便开发者在特定的时刻执行自己的代码逻辑，生命周期函数如下：

① onLoad：监听页面加载，一个页面只会调用一次该函数。

② onShow：监听页面显示，每次打开页面都会调用该函数。

③ onReady：监听页面初次渲染完成，一个页面只会调用一次该函数，代表页面已经准备完成，可以和视图层进行交互。

④ onHide：监听页面隐藏。

⑤ onUnload：监听页面卸载。

接下来结合示例进一步介绍关于.js 文件的代码结构与 page 页面的生命周期。打开 posts.js 文件，微信开发工具已经生成默认的代码，代码如下：

```
// pages/posts/posts.js
Page({
 /**
  * 页面的初始数据
  */
 data: {
 },
 /**
  * 生命周期函数：监听页面加载
  */
 onLoad: function (options) {
 },
 /**
  * 生命周期函数：监听页面初次渲染完成
  */
 onReady: function () {
 },
 /**
  * 生命周期函数：监听页面显示
  */
 onShow: function () {
 },
 /**
  * 生命周期函数：监听页面隐藏
  */
 onHide: function () {
 },
 /**
  * 生命周期函数：监听页面卸载
  */
 onUnload: function () {
 },
})
```

接下来基于生成的代码做一个测试，来了解生命周期函数触发的时机，向 posts.js 的生命周期函数中添加如下代码：

```
// pages/posts/posts.js
Page({

 /**
  * 页面的初始数据
  */
 data: {

 },

 /**
```

```
 * 生命周期函数：监听页面加载
 */
onLoad(options) {
 console.log("onLoad：Post 页面加载。");
},

/**
 * 生命周期函数：监听页面初次渲染完成
 */
onReady() {
  console.log("onReady:post 初次渲染完成");
},

/**
 * 生命周期函数：监听页面显示
 */
onShow() {
 console.log("onShow:post 页面显示");
},

/**
 * 生命周期函数：监听页面隐藏
 */
onHide() {
 console.log("onHide:post 页面隐藏");
},

/**
 * 生命周期函数：监听页面卸载
 */
onUnload() {
 console.log("onUnload:post 页面卸载");
},
})
```

保存代码，打开"调试器"中的 Console 面板，编译控制台的输出如图 2-10 所示。

图 2-10　生命周期函数的执行顺序

可以看到，一个页面要正常显示到用户面前，需要经历 3 个生命周期：加载、显示、渲染。在这里需要注意先执行 onShow 函数显示页面，然后才执行 onReady 渲染内容，从命名上很容易让开发者误以为 onReady 是在 onShow 之前的。

接着单击模拟器的 Home 键 ⚪◉▭⚬，post 页面被隐藏，系统会调用 onHide( )函数，如图 2-11 所示。

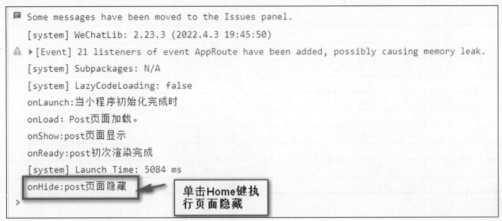

图 2-11　页面执行 onHide( )函数

单击模拟器"1001：发现栏小程序入口"回到 post 页面，系统会再次执行 onShow( )函数，如图 2-12 所示。

到目前为止已经演示了生命周期函数的 4 个函数。由于目前的应用还未涉及页面跳转功能，暂时无法展示 onUnload()函数的执行，在后面页面路由小节中会进行补充说明。

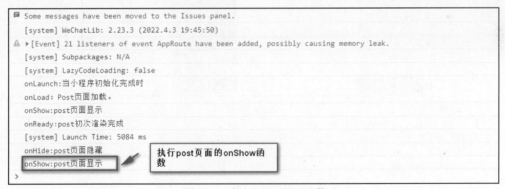

图 2-12　执行 onShow()函数

在官方的文档中，还给出了一个页面生命周期图解，如图 2-13 所示。

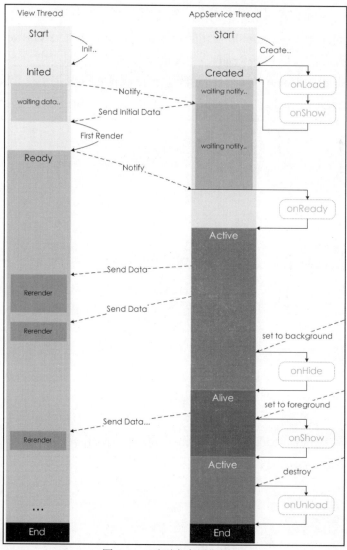

图 2-13　页面生命周期图解

2. 数据绑定

(1) 数据绑定的概念。

在上一小节我们实现了文章页面的轮播效果，但轮播的图片数据都是本地数据，在实际的项目中，这些业务数据通常放置在服务器端，然后通过 http 请求访问服务器提供的 RESTFUL API，从而实现数据获取。

本节将通过使用数据绑定的方式来实现数据获取，因此本节将介绍微信小程序数据绑定和 Mustache 的语法，并且在最后将通过使用模拟文章数据来实现文章轮播和文章列表的显示功能。

在上一节的概念中已经介绍过微信小程序通过渲染层和逻辑层两个线程实现业务和视图分离。小程序开发框架的目标是通过尽可能简单、高效的方式让开发者可以在微信中开发具有原生 App 体验的服务。整个小程序框架系统分为两部分：逻辑层(App Service)和视图层(View)。小程序提供了自己的视图层描述语言 WXML 和 WXSS，以及基于 JavaScript 的逻辑层框架，并在视图层与逻辑层间提供了数据传输和事件系统，让开发者能够专注于数据与逻辑。

框架的核心是一个响应的数据绑定系统，可以让数据与视图非常简单地保持同步。当修改数据的时候，只需要在逻辑层修改数据，视图层就会做相应的更新。

(2) 通过数据绑定的方式实现 welcome 页面数据动态化。

为了让大家从浅到深逐步理解数据绑定的使用，我们首先来完成 welcome 页面的数据绑定，回到 welcome 页面的代码，具体如下：

```
<view class="container">
  <image class="avatar" src="/images/bingdundun.jpg"></image>
  <text class="motto">Hello, 萌企鹅</text>
  <view class="journey-container">
    <text class="journey">开启小程序之旅</text>
  </view>
</view>
```

从上面的代码中可以看出<image>组件中 src 属性和<text>组件的内容都是直接在页面进行"硬编码"实现的。这种编码方式当然不好，在实际开发中也不会这样设计。在实际开发中这些数据都来自服务器端，这里对数据进行模拟，把数据通过 js 变量来实现。

首先需要在 welcome 页面的 welcome.js 文件中加入如下代码：

```
// pages/welcome/welcome.js
Page({

  /**
   * 页面的初始数据
   */
  data: {
    avatar:"/images/bingdundun.jpg",
    motto:"Hello, 萌企鹅"
  }
})
```

data 中的数据如何"填充"到页面中并显示出来呢？在这里小程序也借助现在比较流行的 MVVM 框架 vue.js、React.js 的数据绑定的概念，采用数据绑定的机制来做数据的初始化。

接下来对 welcome.wxml 文件做一些改动，即可使其能够"接收"这些初始化的数据，代码如下：

```
<view class="container">
  <image class="avatar" src="{{avatar}}"></image>
  <text class="motto">{{motto}}</text>
  <view class="journey-container">
    <text class="journey">开启小程序之旅</text>
```

```
      </view>
    </view>
```

小程序使用 Mustache 语法双大括号{{}}在 wxml 组件里进行数据绑定，这个语法在 vue.js 中也是一样的。保存并编译的运行效果如图 2-14 所示。

显示效果并没有发生变化，图片和文本都正常显示出来，这说明数据绑定成功。

这里可以结合生命周期知识点，解释初始化数据绑定的过程。当页面执行 onShow 函数后，逻辑层会收到一个通知(Notify)，随后逻辑层会将 data 对象以 json 的形式发送到 View 视图层，视图层接收初始化数据后，开始渲染并显示初始化数据，最终将数据呈现在开发者眼前。

在这里需要注意，如果数据绑定是作用的属性，如<image src="{{avatar}}"/>，则一定要在{{}}外加上双引号，否则小程序会报错。

微信开发者工具也为开发者提供一个面板专门查看和调试数据绑定的变量，打开"调试"→AppData 可以看到对应的绑定数据情况，如图 2-15 所示。

图 2-14　使用数据绑定运行后的效果

图 2-15　welcome 页面在 AppData 面板中的数据绑定情况

请大家注意，AppData 面板对于调试和理解数据绑定有着非常重要的作用，特别是在页面数据比较多、业务非常复杂的情况下，这个工具会帮开发者调试数据。需要强调的是 AppData 下的数据以页面为组织单位。当前是在 welcome 页面做了数据绑定，所以 AppData 下边显示了 pages/welcome/welcome 这个页面的数据。如果同时有多个页面进行数据绑定，则将出现多个页面的数据绑定情况。

在 Web 前端开发中，可以通过设置浏览器控制属性的值来调试程序，在这里更改是实时进行的。改变任何一个值，开发工具都能实时将变化更新到模拟器 UI 里显示。这一点与学习 MVVM 框架设置数据绑定一样。例如，修改 AppData 面板中"motto"的值为"你好，微信小程序"，运行效果如图 2-16 和图 2-17 所示。

图 2-16　在 AppData 中设置 motto 的值　　　　图 2-17　模拟器 UI 更新

在这里还有一个小技巧，让页面的数据以 json 格式显示。方法是单击图 2-18 中的"Tree"选项，在下拉菜单中选择 Code，数据将以 json 格式呈现，如图 2-18 所示。

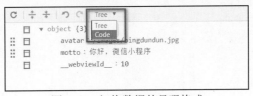

图 2-18　切换数据的呈现格式

在复杂的逻辑情况下，json 格式的数据会快速呈现。

2.2.3　任务实施

1. 使用数据绑定完成文章页面数据的动态化

前面通过 welcome 页面进行简单的数据绑定，接下来再次回到 posts 文章页面，实现更加复杂的数据绑定。

在实现文章页面数据动态化之前，首先要完成文章页面的其他框架和样式，构建文章列表依然只需要 view、text 和 image 3 个组件，代码如下：

```
<view class="post-container">
  <view class="post-author-date">
    <image src="/images/avatar/1.png" />
    <text>February 9 2023</text>
  </view>
  <text class="post-title">2023LPL 春季赛第八周最佳阵容</text>
  <image class="post-image" src="/images/post/post1.jpg" />
  <text class="post-content">2023LPL 春季赛第八周最佳阵容已经出炉，请大家一起围观...</text>
  <view class="post-like">
   <image src="/images/icon/wx_app_collected.png" />
   <text>118</text>
   <image src="/images/icon/wx_app_view.png" />
   <text>188</text>
   <image src="/images/icon/wx_app_message.png" />
   <text>18</text>
  </view>
</view>
```

在 image 目录中添加页面对应的图片文件并设置页面的样式，在 posts.wsxx 文件中添加样式内容，代码如下：

```
/* 设置文章列表样式 */
.post-container{
 flex-direction:column;
 display:flex;
 margin:20rpx 0 40rpx;
 background-color:#fff;
 border-bottom: 1px solid #ededed;
 border-top: 1px solid #ededed;
 padding-bottom: 5px;
}

.post-author-date{
 margin: 10rpx 0 20rpx 10px;
 display:flex;
 flex-direction: row;
 align-items: center;
}

.post-author-date image{
 width:60rpx;
 height:60rpx;
}
.post-author-date text{
```

```
  margin-left: 20px;
}

.post-image{
 width:100%;
 height:340rpx;
 margin-bottom: 15px;
}

.post-date{
 font-size:26rpx;
 margin-bottom: 10px;
}
.post-title{
 font-size:16px;
 font-weight: 600;
 color:#333;
 margin-bottom: 10px;
 margin-left: 10px;
}
.post-content{
 color:#666;
 font-size:26rpx;
 margin-bottom:20rpx;
 margin-left: 20rpx;
 letter-spacing:2rpx;
 line-height: 40rpx;
}
.post-like{
 display:flex;
 flex-direction: row;
 font-size:13px;
 line-height: 16px;
 margin-left: 10px;
 align-items: center;
}

.post-like image{
 height:16px;
 width:16px;
 margin-right: 8px;
}

.post-like text{
 margin-right: 20px;
}
```

```
text{
  font-size:24rpx;
  font-family:Microsoft YaHei;
  color: #666;
}
```

保存并编译代码后的运行效果如图 2-19 所示。从图中可以看出，文章列表中的图片很明显被压缩变形了，这并不是想要的结果。小程序的 image 组件提供了多种裁剪模式可供选择，具体内容可以参考官方文档(地址：https://developers.weixin.qq.com/miniprogram/dev/component/image.html)。在这里需要设置 image 的 mode 属性值为 aspectFill，表示保持纵横比缩放图片，只保证图片的短边能完全显示出来。也就是说，图片通常只在水平或垂直方向上是完整的，另一个方向将会被截取。修改代码，保存，重新编译，运行效果如图 2-20 所示，可以看出图片显示正常了。

图 2-19　文章列表静态显示页面

图 2-20　修改图片 mode 之后的运行效果

完成页面数据的静态效果后，接下来通过数据绑定来实现动态数据。现在尝试将编码在 posts.wxml 文件的数据移植到 post.js 中，在这里依然添加一个临时变量 post 来模拟文章数据，添加的代码如下：

```
/**
 * 页面的初始数据
 */
data: {
  date:"February 9 2023",
  post:{
    title:"2023LPL 春季赛第八周最佳阵容",
```

```
      postImage:"/images/post/post1.jpg",
      avatar:"/images/avatar/1.png",
      content:"2023LPL 春季赛第八周最佳阵容已经出炉，请大家一起围观...",
    },
    readingNum: 23,
    collectionNum:{
    array:[108]
    },
  commentNum: 7
  },
```

在 welcome 页面使用比较简单的数据完成数据绑定，但在实际开发中可能出现较为复杂的对象，为让大家理解如何绑定复杂对象，现在对文章对象的数据进行处理，保存并自动编译，查看"调试器"中的 AppData，如图 2-21 所示。

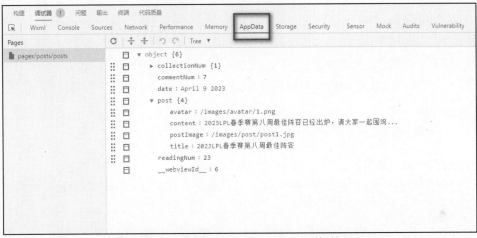

图 2-21　文章数据在 AppData 的 json 格式显示

此时，data 对象已经不是简单的对象，它的属性包括对象和数组，结合开发工具 AppData 工具在 Code 状态下可以很清楚地看到数据的 json 格式，在这里依然按照 json 对象的访问方式访问这些属性，对应 posts 页面的代码可以使用"."或[]访问复杂对象的属性，对 posts.wxml 文件代码进行修改，代码如下：

```
<!--文章列表 -->
<view class="post-container">
  <view class="post-author-date">
    <image src="{{post.avatar}}" />
    <text>{{date}}</text>
  </view>
  <text class="post-title">{{post.title}}</text>
  <image class="post-image" src="{{post.postImg}}" mode="aspectFill"/>
  <text class="post-content">{{post.content}}</text>
  <view class="post-like">
   <image src="/images/icon/wx_app_collected.png" />
   <text>{{collectionNum.array[0]}}</text>
```

```
    <image src="/images/icon/wx_app_view.png" />
    <text>{{readingNum}}</text>
    <image src="/images/icon/wx_app_message.png" />
    <text>{{commentNum}}</text>
    </view>
  </view>
```

保存并自动编译，发现运行效果不变。

2. 使用 setData 函数进行数据绑定更新

在实际业务逻辑中，有时需要动态更新页面中的数据，在微信小程序中可以使用 setData 函数来实现"数据更新"。setData 方法位于 Page 对象的原型链上：Page.prototype.setData。大多时候使用 this.setData 的方法进行调用，setData 的参数接受一个对象，以 key 和 value 的形式将 this.data 中的 key 对象值设置为 value。当执行 setData 函数时会覆盖 this.data 变量里相同的 key 值，执行后会通知逻辑层执行 Rerender，并立刻重新渲染试图，一般在页面加载函数 onLoad 中调用。

现在实现一个需求：页面执行 2 秒后，文章标题更新为"2023PLP 第八周最佳阵容您猜到了吗？"。这个时候需要使用 setData 函数和 JavaScript 的 setTimeout()配合来实现需求，代码如下：

```
/**
 * 生命周期函数：监听页面加载
 */
onLoad(options) {
console.log("onLoad：Post 页面加载。");
    // 页面执行 2 秒后，文章标题进行更新
setTimeout(()=>{
    this.setData({"post.title" : '2023PLP 第八周最佳阵容您猜到了吗？'});
},2000);
},
```

保存代码并自动编译，运行效果开始与图 2-20 一样，2 秒之后文章的标题被更新，如图 2-22 所示。

图 2-22　执行 setData 更新文章标题

可以看出 AppData 面板中的数据同步更新了，如图 2-23 所示。

图 2-23 执行 setData 函数后 AppData 数据更新

在实际开发中一般数据的初始化通过 this.data 设置，数据的更新通过 this.setData 进行。

3. 使用列表渲染实现文章列表的显示

在实际应用中可能需要显示服务器端数组数据，如文章页面的轮播图和文章列表。接下来介绍如何在微信小程序实现列表渲染，在这里微信小程序也采用很多 MVVM 框架的思想设计。下面使用 wx:for 进行列表渲染，并分别实现轮播列表数据和文章列表功能。

(1) 轮播图列表显示。

首先在 posts.js 中添加模拟服务器的数据代码，代码如下：

```
/**
 * 页面的初始数据
 */
data: {
  date:"April 9 2023",
  post:{
    title:"2023LPL 春季赛第八周最佳阵容",
    postImage:"/images/post/post1.jpg",
    avatar:"/images/avatar/1.png",
    content:"2023LPL 春季赛第八周最佳阵容已经出炉，请大家一起围观...",
  },
  readingNum: 23,
  collectionNum:{
  array:[108]
},
  commentNum: 7,
  bannerList:['/images/post/post-1.png','/images/post/post-2.png','/images/post/post-3.png']
},
```

保存并运行，查看 AppData 面板，如图 2-24 所示。

图 2-24　加入轮播列表数据的 AppData

从 AppData 面板可以看出轮播列表数据已经加入到 this.data 中了，接下来通过 wx:for 进行数据绑定，代码如下：

```
<!--文章轮播列表-->
 <swiper indicator-dots="{{true}}" indicator-active-color="#fff" autoplay="{{true}}" interval="5000"
circular="{{true}}">
  <swiper-item wx:for="{{bannerList}}" wx:for-item="bannerItem">
   <image src="{{bannerItem}}"></image>
  </swiper-item>
 </swiper>
```

在这里列表渲染的内容是<swiper-item>，所以在此标签中使用 wx:for，通过 "wx:for-item" 指定每次迭代的内容项，在这里可以省略，默认为 "item"。

保存并自动编译，运行效果不变，表示运行成功。

(2) 文章列表显示。

首先在 posts.js 中添加模拟数据，代码如下：

```
var postListData = [{
    date: "February 9 2023",
    title: "2023LPL 春季赛第八周最佳阵容",
    postImg: "/images/post/post1.jpg",
    avatar: "/images/avatar/2.png",
    content: "2023LPL 春季赛第八周最佳阵容已经出炉，请大家一起围观...",
    readingNum: 23,
    collectionNum: 3,
    commentNum: 0,
    author: "游戏达人在线",
    dateTime: "24 小时前",
    detail: "2023LPL 春季赛第八周最佳阵容：上单——EDG.Ale、打野——EDG.Jiejie、中单——
```

LNG.Scout、ADC——WE.Hope、辅助——RNG.Ming。第八周 MVP 选手——EDG.Jiejie，第八周最佳新秀——LGD.Xiaoxu. ",

      postId: 1

    },

    {

      date: "April 9 2023",

      title: "ChatGPT 的崛起：从 GPT-1 到 GPT-3，AIGC 时代即将到来 ",

      postImg: "/images/post/post-3.png",

      avatar: "/images/avatar/3.png",

      content: "ChatGPT 也是 OpenAI 之前发布的 InstructGPT 的亲戚，ChatGPT 模型的训练是使用 RLHF (Reinforcement learning with human feedback)。也许 ChatGPT 的到来，也是 OpenAI 的 GPT-4 正式推出之前的序章。",

      readingNum: 23,

      collectionNum: 3,

      commentNum: 0,

      author: "阿尔法兔",

      dateTime: "24 小时前",

      detail: "Generative Pre-trained Transformer (GPT)，是一种基于互联网可用数据训练的文本生成深度学习模型。它用于问答、文本摘要生成、机器翻译、分类、代码生成和对话 AI。2018 年，GPT-1 诞生，这一年也是 NLP(自然语言处理)的预训练模型元年。性能方面，GPT-1 有着一定的泛化能力，能够用于和监督任务无关的 NLP 任务中。其常用任务包括：自然语言推理：判断两个句子的关系(包含、矛盾、中立)；问答与常识推理：输入文章及若干答案，输出答案的准确率；语义相似度识别：判断两个句子语义是否相关；分类：判断输入文本是指定的哪个类别；虽然 GPT-1 在未经调试的任务上有一些效果，但其泛化能力远低于经过微调的有监督任务，因此 GPT-1 只能算得上一个还不错的语言理解工具而非对话式 AI。GPT-2 也于 2019 年如期而至，不过，GPT-2 并没有对原有的网络进行过多的结构创新与设计，只使用了更多的网络参数与更大的数据集：最大模型共计 48 层，参数量达 15 亿，学习目标则使用无监督预训练模型做有监督任务。在性能方面，除了理解能力外，GPT-2 在生成方面第一次表现出了强大的天赋：阅读摘要、聊天、续写、编故事，甚至生成假新闻、钓鱼邮件或在网上进行角色扮演通通不在话下。在"变得更大"之后，GPT-2 的确展现出了普适而强大的能力，并在多个特定的语言建模任务上实现了彼时的最佳性能。之后，GPT-3 出现，作为一个无监督模型(现在经常被称为自监督模型)，几乎可以完成自然语言处理的绝大部分任务，例如面向问题的搜索、阅读理解、语义推断、机器翻译、文章生成和自动问答等等。而且，该模型在诸多任务上表现卓越，例如在法语-英语和德语-英语机器翻译任务上达到当前最佳水平，自动产生的文章几乎让人无法辨别出自人还是机器(仅 52%的正确率，与随机猜测相当)，更令人惊讶的是在两位数的加减运算任务上达到几乎 100%的正确率，甚至还可以依据任务描述自动生成代码。一个无监督模型功能多效果好，似乎让人们看到了通用人工智能的希望，可能这就是 GPT-3 影响如此之大的主要原因。",

      postId: 3,

    },

    {

      date: "February 22 2023",

      title: "2022 全球运动员收入第一名：力压梅西、C 罗、内马尔，吸金 8.7 亿元",

      postImg: "/images/post/post2.jpg",

      avatar: "/images/avatar/1.png",

      content: "美国体育商业媒体 Sportico 发布报告显示：迈克尔·乔丹以 33 亿美元(约合人民币 227 亿元)荣膺有史以来收入最高的运动员，紧随其后的是泰格·伍兹(25 亿美元)、阿诺德·帕尔默(17 亿美元.",

      readingNum: 96,

```
            collectionNum: 7,
            commentNum: 4,
            author: "林白衣",
            dateTime: "24 小时前",
```

detail: "排在榜单 6-10 位的分别是史蒂芬·库里(篮球)、凯文·杜兰特(篮球)、罗杰·费德勒(网球)、詹姆斯·哈登(篮球)、泰格·伍兹(高尔夫)。刚刚度过 35 岁生日的库里,尽管饱受伤病困扰,依旧交出场均 30.1 分 6.2 篮板 6.3 助攻 1.6 抢断的成绩。所在的金州勇士队,目前以 36 胜 34 负的战绩排名西部第六。值得一提的是,凭借出色的战绩和运营,勇士打破了尼克斯和湖人20多年的垄断,以70亿美元的身价登顶福布斯 2022 年 NBA 球队价值榜。2021-22 赛季,他们赢得了八年来的第四个总冠军,并创下 NBA 历史上最多的球队收入(扣除联盟的收入分成后为 7.65 亿美元)和最高的运营利润(2.06 亿美元)。除此之外,勇士队从球场赞助和广告中获得的收入高达 1.5 亿美元,是其他球队的两倍。在新的大通中心球馆(Chase Center)打完的第一个完整赛季,光是豪华座席收入就超过 2.5 亿美元,也是迄今为止联盟中最多的。",

```
            postId: 2
        },
        {
            date: "Jan 29 2017",
            title: "飞驰的人生",
            postImg: "/images/post/jumpfly.png",
            avatar: "/images/avatar/avatar-3.png",
```

content: "《飞驰人生》应该是韩寒三部曲的第三部。从《后悔无期》到《乘风破浪》再到《飞驰人生》...",

```
            readingNum: 56,
            collectionNum: 6,
            commentNum: 0,
            author: "林白衣",
            dateTime: "24 小时前",
```

detail: "《飞驰人生》应该是韩寒三部曲的第三部。从《后悔无期》到《乘风破浪》再到《飞驰人生》,故事是越讲越直白,也越来越贴近大众。关于理想、关于青春永远是韩寒作品的主题。也许生活确实像白开水,需要一些假设的梦想,即使大多数人都不曾为梦想努力过,但我们依然爱看其他人追梦,来给自己带来些许的慰藉。...",

```
            postId: 3
        },
        {
            date: "Sep 22 2016",
            title: "换个角度,再来看看微信小程序的开发与发展",
            postImg: "/images/post/post-2.jpg",
            avatar: "/images/avatar/avatar-2.png",
```

content: "前段时间看完了雨果奖中短篇获奖小说《北京折叠》。很有意思的是,张小龙最近也要把应用折叠到微信里,这些应用被他称为:小程序...",

```
            readingNum: 0,
            collectionNum: 0,
            commentNum: 0,
            author: "林白衣",
            dateTime: "24 小时前",
```

detail: "我们先举个例子来直观感受下小程序和 App 有什么不同。大家都用过支付宝,在其内部包含着很多小的服务:手机充值、城市服务、生活缴费、信用卡还款、加油服务,吧啦吧啦一大堆服务。这些细小的、功能单一的服务放在支付宝这个超级 App 里,你并不觉得有什么问题,而且用起来也

```
很方便。那如果这些小的应用都单独拿出来，成为一个独立的 App",
        postId: 4
        },
        {
        date: "Jan 29 2017",
        title: "2017 微信公开课 Pro",
        postImg: "/images/post/post-3.jpg",
        avatar: "/images/avatar/avatar-4.png",
        content: "在今天举行的 2017 微信公开课 PRO 版上，微信事业群总裁张小龙宣布，微信"小程
序"将于 1 月 9 日正式上线。",
        readingNum: 32,
        collectionNum: 2,
        commentNum: 0,
        author: "林白衣",
        dateTime: "24 小时前",
        detail: "在今天举行的 2017 微信公开课 PRO 版上，微信宣布，微信"小程序"将于 1 月 9 日正式
上线，公布了几乎完整的小程序生态模式：微信里没有小程序入口、没有应用市场，分发模式几乎沿用
公众号的模式，去中心化，限制搜索的能力，大多数小程序不能支持模糊搜索，必须输入完整的小程序
名称...",
        postId: 5
        }
        ];
        // 绑定数据
        this.setData({
          postList:postListData
        })
```

通过 onLoad 函数定义 postListData 变量，然后通过 this.setData 方法加载数据，接下来
对 posts.wxml 文件进行代码修订，代码如下：

```
<!--文章列表 -->
<block wx:for="{{postList}}" wx:for-item="post" wx:for-index="postId" wx:key=index>
  <view class="post-container">
    <view class="post-author-date">
      <image src="{{post.avatar}}" />
      <text>{{post.date}}</text>
    </view>
    <text class="post-title">{{post.title}}</text>
    <image class="post-image" src="{{post.postImg}}" mode="aspectFill"/>
    <text class="post-content">{{post.content}}</text>
    <view class="post-like">
      <image src="/images/icon/wx_app_collected.png" />
      <text>{{post.collectionNum}}</text>
      <image src="/images/icon/wx_app_view.png" />
      <text>{{post.readingNum}}</text>
      <image src="/images/icon/wx_app_message.png" />
      <text>{{post.commentNum}}</text>
    </view>
```

```
        </view>
    </block>
```

重点关注<block></block>对括号内的代码。<block>标签没有实际意义,它并不是组件,所以把它叫作"标签",它仅是一个包装,不会在页面内被渲染。当然也可以不使用这个标签,换成<view>一样可以正常运行,不推荐使用 view 等组件来做列表渲染。因为同 HTML 一样,我们希望标签或组件元素是语义明确的。

使用"wx:key='postId'"主要代表在 for 循环的 array 中 item 的某个 property,该 property 的值需要是列表中唯一的字符串或数字,且不能动态改变。其目的是当数据改变触发渲染层重新渲染的时候,会校正带有 key 的组件,框架会确保它们被重新排序,而不是重新创建,以确保使组件保持自身的状态,并且提高列表渲染时的效率。

列表标签中的 wx:for-index 属性,主要代表 for 循环的索引。

保存并自动编译代码,其运行效果如图 2-25 所示。

图 2-25 加入文章列表的显示效果图

任务 2.3 页面跳转技巧:从欢迎页面平滑过渡到文章页面

2.3.1 任务描述

截止到现在我们已经完成了欢迎页面功能和文章页面的功能。本次任务需要从欢迎页面跳转到文章页面。在此之前先了解关于微信小程序事件的相关知识,同时了解在微信小程序中实现页面跳转路由 API 的使用方法。

2.3.2 知识学习

1. 事件和事件冒泡

(1) 事件。

目前为止,一共完成了两个页面:welcome 欢迎页面与 posts 文章页面,接下来,通过单击 welcome 页面的"开启小程序之旅"跳转到 posts 文章页面,将两个页面连接起来。

为了完成功能，同时深入理解微信小程序关于事件处理的机制，接下来简单介绍微信小程序中事件的基本概念。

基于 JavaScript 开发的微信小程序，具体的事件如下(基于官方的解释):

① 事件是视图层到逻辑层的通信方式。

② 事件可以将用户的行为反馈到逻辑层进行处理。

③ 事件可以绑定在组件上，当达到触发事件，就会执行逻辑层中对应的事件处理函数。

④ 事件对象可以携带额外的信息，如 id、dataset、touches。

从 welcome 页面跳转到 posts 页面，需要使用事件来响应点击"开启小程序之旅"这个动作，结合上面对事件概念的介绍，可以理解为点击 welcome 页面的"开启小程序之旅"按钮，需要在 JavaScript 进行处理。要实现这样的机制，需要完成以下两件事情:

① 在需要调用的组件上注册事件。(在 JavaScript 语法中叫作绑定事件)。

② 在 JavaScript 中编写事件处理响应函数。

(2) 冒泡事件与非冒泡事件。

微信小程序事件处理与原生 JavaScript 一样会出现事件冒泡，因此把事件分为冒泡事件和非冒泡事件。

① 冒泡事件:当一个组件上的事件被触发后，该事件会向父节点传递。

② 非冒泡事件:当一个组件上的事件被触发后，该事件不会向父节点传递。

具体的冒泡事件类型，除了刚刚使用的 tap，常用的类型如图 2-26 所示。

图 2-26 官方冒泡事件列表

2. 路由机制

在小程序中所有页面的路由全部由框架进行管理。框架以栈的形式维护了当前的所有页面。当发生路由切换时，页面栈的表现如图 2-27 所示。

图 2-27 微信小程序页面栈

对应实现的 API 如下。

(1) wx.navigateTo(Object object)：保留当前页面，跳转到应用内的某个页面，但是不能跳到 tabbar 页面。使用 wx.navigateBack 可以返回到原页面。小程序中页面栈最多十层。

(2) wx.navigateBack(Object object)：关闭当前页面，返回上一页面或多级页面。可通过 getCurrentPages 获取当前的页面栈，决定需要返回几层。

(3) wx.redirectTo(Object object)：关闭当前页面，跳转到应用内的某个页面。但是不允许跳转到 tabbar 页面。

(4) wx.switchTab(Object object)：跳转到 tabbar 页面，并关闭其他所有非 tabbar 页面。

(5) wx.reLaunch(Object object)：关闭所有页面，打开到应用内的某个页面。

每一种方法都需要传递 object 对象，Object 参数具体如图 2-28 所示。

图 2-28 路由函数对象参数说明图

url 参数是必需的，其他参数可以省略。

2.3.3 任务实施

1. 完成欢迎页面按钮的事件绑定

对微信小程序事件的概念有了基本理解后，接下来具体实现在 welcome 页面"开启小程序之旅"按钮事件绑定，其具体的实现步骤如下：

调整启动页面，将启动页面的路径设置为 welcome 页面，更改 welcome.wxml 页面的代码，代码如下：

```
<view class="container">
  <image class="avatar" src="{{avatar}}"></image>
  <text class="motto">{{motto}}</text>
  <view catchtap="hanldTap" class="journey-container">
    <text class="journey">开启小程序之旅</text>
  </view>
</view>
```

上面的代码中 class="journey-container"这个 view 组件通过 catchtap="hanldTap"绑定事件，在这里请大家注意这里绑定的是一个单击事件，与 HTML 中 click 事件一样，只是现在是在微信小程序的 API 中完成事件绑定，接下来需要在对应的 JavaScript 文件添加一个处理函数，代码如下：

```
hanldTap:function(event){
    console.log("click me!");
}
```

保存代码并自动编译，运行后单击 welcome 页面的"开启小程序之旅"，在控制台出现对应的提示信息，如图 2-29 所示。

图 2-29 提示信息

与原生的 JavaScript 一样，可以通过在处理函数中添加 event 参数来获取事件信息，修改代码，代码如下：

```
hanldTap:function(event){
    console.log("click me!");
    console.log(event);
}
```

保存代码，自动编译并重新运行，单击"开启小程序之旅"按钮，再一次查看控制信息，如图 2-30 所示。

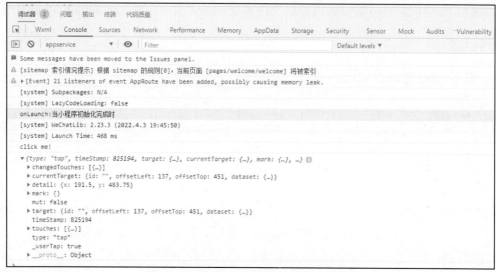

图 2-30　添加事件参数运行的控制台信息

从控制台信息可以看到，通过 event 参数可以获得事件中的很多信息，如 type 表示事件类型，接下来重点介绍 id 与 dataset 这两个参数。

很多场景需要在事件处理时进行数据传输，例如在处理页面跳转时，需要传递一个对象 ID 或者更加复杂的信息，这时就可以使用 id 与 dataset 这两个参数。

(1) id：一般用于传递一个简单数据。

(2) dataset：一般用于传递一个复杂的对象信息。

接下来通过示例进行展示，修改 welcome.wxml 代码如下：

```
<view catchtap="hanldTap" id="postId" data-info1="Weixin" data-info2="java" class="journey-
container">
    <text class="journey">开启小程序之旅</text>
</view>
```

保存代码，自动编译并重新运行，单击"开启小程序之旅"按钮，再一次查看控制台的信息，如图 2-31 所示。

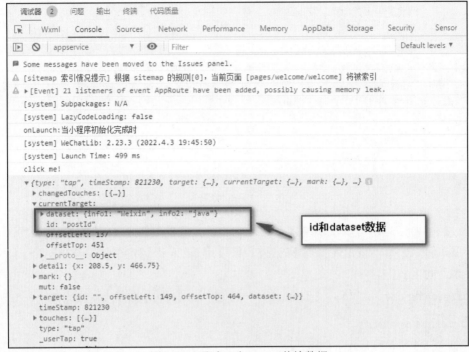

图 2-31 通过 id 与 datset 传输数据

接下来通过示例介绍事件冒泡的使用，修改 welcome 页面的代码，代码如下：

```
<view class="container">
  <image class="avatar" src="{{avatar}}"></image>
  <text class="motto">{{motto}}</text>
  <view bindtap="hanldTap" id="postId" data-info1="Weixin" data-info2="java" class="journey-container">
    <text class="journey" bindtap="hanldTapInner">开启小程序之旅</text>
  </view>
</view>
```

view 组件和 text 组件都通过 bind 方式绑定事件，这两个组件在层次上是父子关系。同时修改 welcome.js 的代码，代码如下：

```
hanldTap:function(event){
  // console.log("click me!");
  // console.log(event);
  console.log("父节点被点击了");
},

hanldTapInner:function(){
  console.log("子节点被点击了");
},
```

保存代码并自动编译，运行后单击"开启小程序之旅"按钮，再次查看控制台的信息，如图 2-32 所示。

图 2-32　事件冒泡

通过控制台信息，可以发现绑定在父元素和子元素的处理函数都被执行，这就是事件冒泡。那如何阻止事件冒泡呢？除 bind 外，可以用 catch 来绑定事件。与 bind 不同，catch会阻止事件向上冒泡。

修改 welcome.wxml 文件，把 bind 绑定修改为 catch 绑定的方式，代码如下：

```
<view class="container">
  <image class="avatar" src="{{avatar}}"></image>
  <text class="motto">{{motto}}</text>
  <view catchtap="hanldTap" id="postId" data-info1="Weixin" data-info2="java" class="journey-container">
    <text class="journey" catchtap="hanldTapInner">开启小程序之旅</text>
  </view>
</view>
```

保存代码并自动编译，运行后点击"开启小程序之旅"按钮，再一次查看控制台的信息，如图 2-33 所示。

图 2-33　阻止事件冒泡

基本上所有的组件都有以上这些事件冒泡，非冒泡事件大多不是通用事件，而是某些组件特有的事件，如<form/>的 submit 事件、<input/>的 input 事件等。

2. 完成从欢迎页面跳转到文章页面

介绍完不同实现页面跳转的 API，接下来重点介绍 navigateTo 方法和 redirectTo 的使用与区别，switchTab 的使用将在后面介绍 tabBar 选项卡时再具体介绍。

使用 navigateTo 方法实现从 welcome 欢迎页面跳转到 posts 文章列表页面，其具体实现步骤如下：

(1) welcome 页面"开启小程序之旅"绑定事件，修改 welcome 页面的代码如下：

```
<view class="container">
  <image class="avatar" src="{{avatar}}"></image>
  <text class="motto">{{motto}}</text>
  <view catchtap="goToPostPage" class="journey-container">
    <text class="journey">开启小程序之旅</text>
  </view>
</view>
```

(2) 在 welcome.js 文件添加处理页面跳转的代码，代码如下：

```
// 处理页面跳转函数
goToPostPage:function(event){
  wx.navigateTo({
    url: '../posts/posts',
    success:function(){
      console.log("gotoPost Success!");
    },
    fail:function(){
      console.log("gotoPost fail!");
    },
    complete:function(){
      console.log("gotoPost complete!");
    }
  })
}
```

在代码中使用 wx.navigateTo 方法，保存后自动编译运行。当用户单击"开启小程序之旅"按钮后，MINA 框架执行 goToPostPage 函数，页面将从 welcome 欢迎页面跳转到 posts 文章页面。页面的跳转功能已经完成。

接下来结合本章节中关于 page 页面生命周期思考一个问题：页面跳转的过程中，这两个页面的周期是如何变化的？

为了测试方便，分别在 welcome 页面和 post 页面的生命周期回调函数中加入对应的代码，welcome 页面代码如下：

```
/**
 * 生命周期函数：监听页面初次渲染完成
 */
onReady: function () {
  console.log("welcome:onReady");
},

/**
 * 生命周期函数：监听页面加载
```

```
     */
onLoad: function (options) {
  console.log("welcome:onLoad");
},
/**
 * 生命周期函数：监听页面显示
 */
onShow: function () {
  console.log("welcome:onShow");
},

/**
 * 生命周期函数：监听页面隐藏
 */
onHide: function () {
  console.log("welcome:onHide");
},

/**
 * 生命周期函数：监听页面卸载
 */
onUnload: function () {
  console.log("welcome:onUnload");
}
```

同样，在 post 文章页面也加入同样的代码，保存后自动编译，welcome 页面会按照之前介绍的执行次序进行，查看控制台提示消息，如图 2-34 所示。

图 2-34　welcome 页面执行生命周期回调函数

单击"开启小程序之旅"按钮，页面跳转到 posts 文章页面，再次查看控制台的提示消息，如图 2-35 所示。

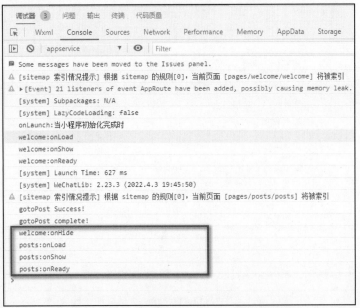

图 2-35　页面跳转执行执行生命周期回调函数

从控制台的提示信息可以看出，从 welcome 页面跳转到 posts 文章页面，对于 welcome 页面执行 onHide 隐藏页面；对于 posts 文章执行 onLoad、onShow 和 onReady 回调函数。这就是 wx.navigateTo(Object object)执行原理，这一点与官方的文档说明也是一致的。

接下来把跳转的方法换成 redirectTo，代码如下：

```
// 使用 redirectTo 跳转关闭当前页面，跳转到应用内的某个页面
  wx.redirectTo({
    url: '../posts/posts',
    success: function () {
      console.log("gotoPost Success!");
    },
    fail: function () {
      console.log("gotoPost fail!");
    },
    complete: function () {
      console.log("gotoPost complete!");
    }
  })
```

保存并自动编译，重复刚才的操作，查看控制台的信息，如图 2-36 所示。

从控制台的提示可以看出，与 navigateTo 方法不一样的是，redirectTo 方法执行，把 welcome 页面直接关闭了，因此执行 onUnload 回调方法。

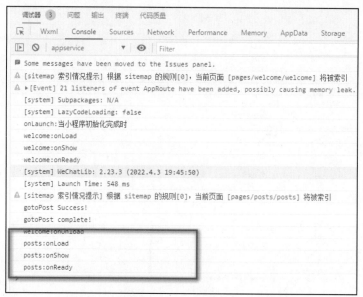

图 2-36 使用 redirectTo 方法执行页面跳转

关于页面路由和页面生命周期的内容，可以参考官方网址 https://developers.weixin.qq. com/miniprogram/dev/framework/app-service/route.html，如图 2-37 所示。

路由方式

对于路由的触发方式以及页面生命周期函数如下：

路由方式	触发时机	路由前页面	路由后页面
初始化	小程序打开的第一个页面		onLoad, onShow
打开新页面	调用 API wx.navigateTo 使用组件 `<navigator open-type="navigateTo"/>`	onHide	onLoad, onShow
页面重定向	调用 API wx.redirectTo 使用组件 `<navigator open-type="redirectTo"/>`	onUnload	onLoad, onShow
页面返回	调用 API wx.navigateBack 使用组件 `<navigator open-type="navigateBack">` 用户按左上角返回按钮	onUnload	onShow
Tab 切换	调用 API wx.switchTab 使用组件 `<navigator open-type="switchTab"/>` 用户切换 Tab		各种情况请参考下表
重启动	调用 API wx.reLaunch 使用组件 `<navigator open-type="reLaunch"/>`	onUnload	onLoad, onShow

图 2-37 路由函数与页面生命周期关系

到目前为止，就完成了文章页面的所有功能。

通用人工智能时代，我们如何迎接新挑战

习近平总书记在党的二十大报告中强调，要完善科技创新体系。坚持创新在我国现代化建设全局中的核心地位。

近些年来，人工智能(AI)一直是全国两会上的热门话题，今年也不例外。"深化大数据、人工智能等研发应用，开展'人工智能+'行动"被写入了今年的政府工作报告。

大模型是当下最大的焦点，也代表着人工智能的未来走向。中国科学院自动化研究所研究员、大模型研究中心常务副主任王金桥告诉《中国科学报》，在类脑智能、信息智能、博弈智能三条通往通用人工智能(AGI)的路线上，以大模型为代表的信息智能"跑得最快"。

从大语言模型ChatGPT到人工智能视频生成模型Sora，美国在人工智能领域一骑绝尘。近年国内虽有多股力量展开"追击"，但Sora的出现，让人们不禁担心：中国人工智能与世界先进水平的差距越来越大了吗？我们会在AGI时代落伍吗？

我们来听听人工智能领域的代表委员、业内专家怎么说。

在接受《中国科学报》专访时，全国政协委员、中国科学院自动化研究所研究员赵晓光表示："改革开放以来，我们仅用了40多年的时间，走完了西方走过的工业革命和科技革命之路。中国的人工智能研究、产业发展是否与先进水平差距越来越大，我认为要在这个背景下来回答。"

她谈到，在一些前沿科技领域，好像总是我们在追赶西方国家，但这并不能说明中国与先进的研究差距越来越大，甚至在有些领域，我们已经领先了。

赵晓光长期致力于先进机器人、智能机器人的研究工作，所研究的"人形机器人"如今也成了热门。"2022年美国企业家埃隆·马斯克要推出'擎天柱'时，我们对人形机器人有了更新的认识。现在，我们实验室、国内企业做出了人形机器人，功能也很好。这说明什么？"赵晓光自问自答，"说明我们已掌握了许多关键技术，但问题在于还没吃透、没整合好。AI大模型也是如此。"

"所以我的答案是，中国在人工智能领域与世界前沿的差距不是在加大，而是在缩小。"她说，"我们需要不断把自己的创新思想凝练出来，运用好新型举国体制优势，再逐步引领。"

相比赵晓光的观点，北京邮电大学人工智能学院人机交互与认知工程实验室主任刘伟更为直接。

"说中国人工智能领域与欧美国家之间的差距越来越大的人，说明他可能不太懂人工智能。"刘伟说道，人工智能有许多研究方向，生成式AI大模型只是其中一项，中国在人工智能领域有领先的方面。

赵晓光和刘伟同时提到，即便强如GPT-4、Sora，距离通用人工智能这个最高目标也还很遥远，甚至可能无法实现。因此不必担心"中国可能赶不上通用人工智能这班车"。

不可否认的是，作为人工智能领域最受关注的技术领域，大模型技术的每一次迭代，都意味着各国竞争形势的变化。在全国人大代表、科大讯飞董事长刘庆峰看来，中美在大模型深度应用和战略需求上的角逐，2024年将是关键期。

为此，刘庆峰建议，要制定国家通用人工智能发展规划，系统地推动我国通用人工智能的发展。首个目标就是发挥新型举国体制优势，加大并保持对通用大模型底座"主战场"的持续投入。

"我们要正视差距，聚焦自主可控的底座大模型'主战场'，从国家层面聚焦资源，加快追赶，同时系统性构建通用人工智能生态和应用，打造综合优势。"刘庆峰说。

王金桥对《中国科学报》表示，国产大模型发展受到的最大限制就是算力。

为解决这个问题，全国政协委员、中国科学院计算技术研究所研究员张云泉专门做了调研。经过研判，他提出："除了继续攻关人工智能芯片之外，我们能不能聚合中国的超算，为大模型预训练提供算力支撑？"

张云泉告诉《中国科学报》，训练大模型需要的算力特点，如并行计算、高速网络互联及通信等技术手段，超算系统都具备，组织好人才开展技术攻关，研制大模型专用超算体系是可行的。

"正如英伟达创始人兼CEO黄仁勋所言，每个国家都应该拥有自己的主权人工智能基础设施。靠谁训练出来？我认为可以通过设立专项，研制支撑通用大模型训练的超级计算机。"张云泉说。

他告诉记者，研制这样的超算设施，成本会高一些，但它解决的是主权大模型有和无的问题。同时，也要"两条腿走路"，国内人工智能芯片的研制要跟上，取得了突破后成本自然就会降下来。

王金桥很认同大模型算力要"两条腿走路"，同时他认为，大模型的发展也要"两条腿走路"。除了通用的基础大模型，中国可能需要多个能满足不同场景需要的专用大模型。王金桥说，中国有最大的市场需求，如化学发现、分子模拟、天气预报等，它们不需要模型规模特别大，但需要与行业场景、行业数据充分结合。这样的专用模型有用武之地。

他进一步解释，通用基础大模型的开发，是为了保持与前沿技术进步同频共振，不错过技术发展的"窗口期"；而专用大模型则面向市场需求，通过场景应用，发挥大模型技术的能力。

"2024年或是大模型落地元年。"王金桥说，"我们要探索一条特色化的大模型发展之路。"
(参考文献：赵广立. 通用人工智能时代，中国如何迎接新挑战[N]. 中国科学报，2024-3-21.)

单元小结

- 使用swiper和swiper-items实现文章页面轮播。
- 微信小程序是逻辑层通过.js文件处理，页面生命周期包含页面加载(onLoad)、页面初次渲染(onReady)、页面显示(onShow)、页面隐藏(onHide)、页面卸载(onUnload)五个阶段。

- 微信小程序数据绑定通过 setData 函数动态更新数据。
- 在微信小程序中为组件绑定事件的方式有 bind 绑定方式和 catch 绑定方式，bind 绑定可以触发事件冒泡，而 catch 绑定方式可以阻止事件冒泡。

━━━━━━ ◀◀◀◀◀◀◀ 单元自测 ▶▶▶▶▶▶▶ ━━━━━━

1. 微信小程序中 swiper 组件的属性是(　　)。
   A. indicator-dots   B. indicator-color
   C. indicator-active-color   D. autoplay
2. 微信小程序中单击事件是(　　)。
   A. touchmove   B. tap
   C. touchend   D. touchstart
3. 下列选项中，不属于 App 生命周期函数的是(　　)。
   A. onLaunch   B. onLoad
   C. onUnload   D. OnHide
4. 下列选项中，不属于微信小程序事件对象属性的是(　　)。
   A. type   B. resource
   C. target   D. currentTarget
5. 下列选项中，关于微信小程序事件说法正确是(　　)。
   A. 微信小程序中事件分为冒泡事件和非冒泡事件
   B. 事件对象可以携带额外信息，如 id、dataset、touches
   C. bind 为组件绑定非冒泡事件，catch 则绑定冒泡事件
   D. 同一组件只能绑定一次事件处理函数

━━━━━━ ◀◀◀◀◀◀◀ 上机实战 ▶▶▶▶▶▶▶ ━━━━━━

上机目标

- 掌握 swiper 和 swiper-item 组件的使用。
- 掌握数据绑定的使用方法。
- 掌握事件绑定和路由的使用方法。

上机练习

◆ 第一阶段 ◆

练习 1：按照图 2-38 所示完成小米商场首页效果。

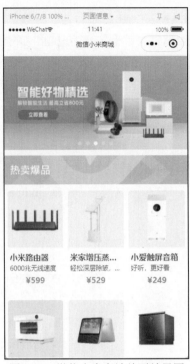

图 2-38　微信小米商城首页效果图

【问题描述】

(1) 完成微信小米商城首页静态页面布局。

(2) 完成首页轮播效果(轮播模拟数据定义在 JavaScript 文件中)。

(3) 通过列表线上商品信息(模拟数据定义在 JavaScript 文件中)。

【问题分析】

根据上面的问题描述,商场首页功能主要包含两个部分,一部分是顶部的商品轮播图,另一部分是热卖爆品商品列表,整体的实现步骤可以参考本单元中文章页面功能实现步骤。

【参考步骤】

(1) 打开微信开发者工具,创建一个微信小程序项目。

(2) 创建 images 目录,把对应的图片资料复制到此目录中。

(3) 在 pages 目录中创建新目录 index,在 index 目录中创建页面完成商场首页的框架与样式,新创建页面元素的代码如下:

```
<!--index.wxml-->
<view class="container">
  <!-- 轮播图 -->
  <swiper class="banner" indicator-dots="{{true}}" indicator-color="rgba(255,255,255,0.3)" indicator-acti
  ve-color="#edfdff" indicator autoplay="true" interval="5000" circular="{{true}}">
    <swiper-item>
      <image src="../../images/01.jpg"></image>
    </swiper-item>
    <swiper-item>
      <image src="../../images/02.jpg"></image>
```

```
      </swiper-item>
      <swiper-item>
        <image src="../../images/03.jpg"></image>
      </swiper-item>
      <swiper-item>
        <image src="../../images/04.jpg"></image>
      </swiper-item>
      <swiper-item>
        <image src="../../images/05.jpg"></image>
      </swiper-item>
    </swiper>

    <!--爆破推荐 -->
    <image src="../../images/pb.webp" class="bp"></image>
    <!-- 商品列表 -->
    <view class="good-list">

      <view class="good">
        <image class="good-img" src="/images/good01.jpg"></image>
        <view class="good-info">
          <text class="info-title">小米路由器</text>
          <text class="info-attr">6000 兆无线速度</text>
          <view class="info-price"><text>599</text></view>
        </view>
      </view>

      <view class="good">
        <image class="good-img" src="/images/good02.jpg"></image>
        <view class="good-info">
          <text class="info-title">米家增压蒸汽挂烫机</text>
          <text class="info-attr">轻松深层除皱，熨出专业效果</text>
          <view class="info-price"><text>529</text></view>
        </view>
      </view>

      <view class="good">
        <image class="good-img" src="/images/good03.jpg"></image>
        <view class="good-info">
          <text class="info-title">小爱触屏音箱</text>
          <text class="info-attr">好听，更好看</text>
          <view class="info-price"><text>249</text></view>
        </view>
      </view>

      <view class="good">
        <image class="good-img" src="/images/good04.jpg"></image>
        <view class="good-info">
```

```
            <text class="info-title">米家智能蒸烤箱</text>
            <text class="info-attr">30L 大容积，蒸烤烘炸炖一机多用</text>
            <view class="info-price"><text>1499</text></view>
          </view>
        </view>

        <view class="good">
          <image class="good-img" src="/images/good05.jpg"></image>
          <view class="good-info">
            <text class="info-title">触屏音箱 Pro</text>
            <text class="info-attr">大屏不插电，小爱随身伴</text>
            <view class="info-price"><text>599</text></view>
          </view>
        </view>

        <view class="good">
          <image class="good-img" src="/images/good06.jpg"></image>
          <view class="good-info">
            <text class="info-title">米家互联网洗碗机 8 套嵌入式</text>
            <text class="info-attr">洗烘一体，除菌率高达 99.99%</text>
            <view class="info-price"><text>2299</text></view>
          </view>
        </view>
      </view>
</view>
```

对应页面样式的代码如下：

```
/* 设置 swiper 的样式 */
swiper.banner{
   width: 100%;
   height: 187.5px;
}

.banner image{
   width: 750rpx;
   height: 375rpx;
}

.bp{
   padding-top: 20rpx;
   width: 100%;
   height: 116rpx;
   background-color: #fffdff;
}

/* 商品列表样式 */
.good-list{
```

```
    background-color: #fffdff;
    display: flex;
    flex-direction: row;
    flex-wrap: wrap;
    justify-content:space-between;
    margin-top: 16rpx;
    padding: 0 12rpx ;

}

.good{
    width: 228rpx;
    display: flex;
    flex-direction:column;
    align-items: center;
    padding-bottom: 60rpx;
}

.good-img{

    width: 228rpx;
    height: 228rpx;
    border-radius: 10rpx 10rpx 0rpx 0rpx;
}

.good-info{

    display:flex;
    flex-direction: column;
    align-items: center;
    width: 288rpx;
    margin-top: 24rpx;

}

.good-info text{
    margin-bottom: 14rpx;
}

.info-title{
    width: 210rpx;
    height: 30rpx;
    line-height: 30rpx;
    font-weight: bold;
    color: #3c3c3c;
    white-space:nowrap;
    overflow: hidden;
```

```
    text-overflow: ellipsis;
}

.info-price text::before{
 content: '¥';
}

.info-attr{

    width: 210rpx;
    height: 30rpx;
    line-height: 30rpx;
    color: #3c3c3c;
    white-space:nowrap;
    font-size: 28rpx;
    overflow: hidden;
    text-overflow: ellipsis;
}
.info-price{

    color:#ff4a48;
    font-weight: 700;

}
```

（4）在页面对应逻辑处理文件 index.js 中，添加模拟数据内容，代码如下：

```
/**
 * 页面的初始数据
 */
 data: {

    // 轮播信息
    bannerData:{

      listImage:["../../images/01.jpg","../../images/02.jpg","../../images/03.jpg","../../images/04.jpg","../..
            /images/05.jpg"],
      indicatordots:true,
      indicatorolor:"rgba(255,255,255,0.3)",
      indicatoractivecolor:"#edfdff",
      autoplay:true,
      interval:"5000",
      circular:true,

    },

    // 商品列表
    goodList: []
```

```
    }
,
/**
 * 生命周期函数：监听页面加载
 */
onLoad: function (options) {

  var goodList = [{
      gid : "1",
      image: "/images/good01.jpg",
      title: "小米路由器",
      attr: "6000 兆无线速度",
      price: "599"
      },
      {
      gid : "2",
      image: "/images/good02.jpg",
      title: "米家增压蒸汽挂烫机",
      attr: "轻松深层除皱，熨出专业效果",
      price: "529"
      },
      {
      gid : "3",
      image: "/images/good03.jpg",
      title: "小爱触屏音箱",
      attr: "好听，更好看",
      price: "249"
      },
      {
      gid : "4",
      image: "/images/good04.jpg",
      title: "米家智能蒸烤箱",
      attr: "30L 大容积，蒸烤烘炸炖一机多用",
      price: "1499"
      },
      {
      gid : "5",
      image: "/images/good05.jpg",
      title: "触屏音箱 Pro",
      attr: "大屏不插电，小爱随身伴",
      price: "599"
      },
      {
      gid : "6",
      image: "/images/good06.jpg",
      title: "米家互联网洗碗机 8 套嵌入式",
```

```
        attr: "洗烘一体，除菌率高达 99.99%",
        price: "2299"
      },
    ];

    this.setData({
      goodList
    })
  },
```

（5）在页面文件 index.wxml 中完成数据绑定，参考代码如下：

```
<view class="container">
 <!-- 轮播图 -->
 <swiper class="banner" indicator-dots="{{bannerData.indicatordots}}" indicator-color="{{bannerData.
indicatorolor}}" indicator-active-color="{{bannerData.indicatoractivecolor}}" autoplay="{{bannerData.
autoplay}}" interval="{{bannerData.interval}}" circular="{{bannerData.circular}}">
   <swiper-item wx:for="{{bannerData.listImage}}" wx:for-index="idx" wx:key="idx">
     <image src="{{item}}"></image>
   </swiper-item>
 </swiper>

 <!--爆破推荐 -->
 <image src="../../images/pb.webp" class="bp"></image>

 <!-- 商品列表 -->
 <view class="good-list">
  <block wx:for="{{goodList}}" wx:for-item="good" wx:key="gid">
   <view class="good" bind:tap="goToGoodDetail">
    <image class="good-img" src="{{good.image}}"></image>
    <view class="good-info">
     <text class="info-title">{{good.title}}</text>
     <text class="info-attr">{{good.attr}}</text>
     <view class="info-price"><text>{{good.price}}</text></view>
    </view>
   </view>
  </block>
 </view>
</view>
```

（6）完成代码编写后，保存代码并运行就可以看到如图 2-38 所示的效果。

◆ 第二阶段 ◆

练习 2：基于练习 1 的小米商场案例，完成如图 2-39 所示效果——商品详情页面效果和从首页跳转到商品详情页面的功能。

图 2-39   商品详情页面效果

【问题描述】

如图 2-38 所示，商品详情页面功能主要包含此商品的轮播图和商品的详情信息两个部分，同时要求从商品首页的商品列表单击商品图片能跳转到此页面。

【问题分析】

根据问题描述，商品详情的页面实现可以参考首页的实现步骤进行，对应页面跳转功能可以参考本单元从欢迎页面跳转到文章列表页面的实现步骤。

单元

三

优化欢迎页面与文章页面

课程目标

项目目标

❖ 完成从业务分离与模块化文章数据

❖ 使用微信小程序模板显示文章列表

❖ 使用缓存在本地模拟服务器数据库

❖ 完成用户登录授权

技能目标

❖ 理解微信小程序应用程序的生命周期

❖ 掌握微信小程序本地缓存 API 的使用

❖ 掌握微信小程序用户授权 API 的使用

❖ 了解小程序的全局配置文件、全局样式和应用程序级别 JavaScript 文件

素质目标

❖ 培养网络安全法、数据安全法和个人信息保护法等相关法律法规的理解和遵守意识

❖ 具有一定的自我管理能力

❖ 养成分析、归纳、总结的思维习惯

 简介

在前面两个单元中我们已经实现欢迎页面和文章页面的功能，但数据和数据处理逻辑混合在一起，在实际开发中，这不是一种好的做法。本单元将使用小程序模块化的思路将数据与数据处理从业务分离，具体通过使用小程序的模板完成文章列表的显示，使用缓存完成本地模拟服务器数据库。同时，还将介绍小程序应用程序的生命周期，进一步理解小程序的处理逻辑，最后讲解微信小程序中的用户授权 API 的使用，并同时完成当前应用的用户授权功能。

随着微信小程序的广泛应用，小程序开发中的信息安全与隐私保护问题日益突出。小程序开发者在使用缓存 API 和用户授权 API 时，应遵守相关法律法规，保障用户隐私和信息安全。

任务 3.1　数据管理：业务逻辑与文章数据的分离及模块化

3.1.1　任务描述

1. 具体需求分析

之前程序中文章的数据是在 JavaScript 代码中编码完成的，在实际应用中并不推荐这种做法。本小节的任务主要是将文章数据从业务分离出来，同时使用模块化的方法来完成当前文章页面的逻辑处理。

2. 效果预览

完成本次任务，主要是对文章页面的逻辑处理进行优化，显示效果与之前一致。

3.1.2　知识学习

1. 数据业务分离与模块化的优势

在本小节中，从业务分离文章数据不是微信小程序的独有知识点，它是一种程序设计

思想。在现在实际开发中，由于程序设计的业务逻辑越来越复杂，分工越来越细，对于程序维护的方便性提出了更高的要求。在这样的场景下，就有人提出程序设计模块化的理念。接下来介绍如何在微信小程序中实现模块化开发。

2. 模块化

模块化程序设计是指在进行程序设计时将一个大程序按照功能划分为若干小程序模块，每个小程序模块完成一个确定的功能，并在这些模块之间建立必要的联系，通过模块的互相协作完成整个功能的程序设计方法。程序设计模块化模型如图 3-1 所示，它把一个页面的内容分成不同的部分来完成。

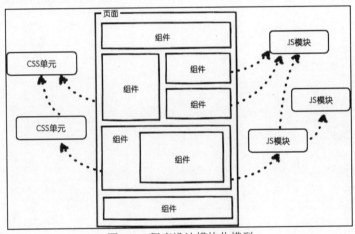

图 3-1　程序设计模块化模型

程序设计模块化的优点如下。

(1) 控制程序设计的复杂性。

(2) 提高代码的重用性。

(3) 易于维护和扩充功能。

(4) 有利于团队开发。

在本书的单元二中，有的文章模拟数据被写入 posts.js 文件中，这就使得数据与数据处理逻辑混合在一起，在实际的开发中，并不推荐这种做法。在本节我们对代码进行升级，让数据与具体的逻辑处理相分离，将其放到一个独立的.js 文件中。当然在学习知识点之前，这样的做法还不是最后的解决办法，但从学习角度来看，目前则需要建立一种让逻辑处理代码和数据分离的"优雅"程序设计思想。

3.1.3　任务实施

本任务将完成文章数据从业务分离与模块化。

对模块化概念有基本了解后，接下来从完成文章页面功能的模块化开始进行实战。模块化的第一步就是数据分离，在实际开发中，对于数据与数据处理逻辑的设计通常都是分离的，一方面是方便团队合作，另一方面是方便后期的维护，这也是把这样的设计叫作"优雅"的程序设计思想的原因。完成文章数据从业务分离的具体操作步骤如下：

(1) 数据分离。

在项目的根目录新建一个文件夹，命名为 data。在 data 目录下新建一个 .js 文件，命名为 data.js。完成的目录结构如图 3-2 所示。

将 posts.js 文件中 onLoad 函数下的 postListData 数组和 bannerList 数组复制到 data.js 文件中，其代码如下：

图 3-2　添加 data 目录后的结构图

```javascript
// 模拟文章页面中文章列表数据
var postListData = [{
  date: "February 9 2023",
  title: "2023LPL 春季赛第八周最佳阵容",
  postImg: "/images/post/post1.jpg",
  avatar: "/images/avatar/2.png",
  content: "2023LPL 春季赛第八周最佳阵容已经出炉，请大家一起围观...",
  readingNum: 23,
  collectionNum: 3,
  commentNum: 0,
  author: "游戏达人在线",
  dateTime: "24 小时前",
  detail: "2023LPL 春季赛第八周最佳阵容：上单——EDG.Ale、打野——EDG.Jiejie、中单——LNG.Scout、ADC——WE.Hope、辅助——RNG.Ming。第八周 MVP 选手——EDG.Jiejie，第八周最佳新秀——LGD.Xiaoxu。",
  postId: 1
},
{
  date: "April 9 2023",
  title: "ChatGPT 的崛起：从 GPT-1 到 GPT-3，AIGC 时代即将到来 ",
  postImg: "/images/post/post-3.png",
  avatar: "/images/avatar/3.png",
  content: "ChatGPT 也是 OpenAI 之前发布的 InstructGPT 的亲戚，ChatGPT 模型的训练是使用 RLHF(Reinforcement learning with human feedback)，也许 ChatGPT 的到来，也是 OpenAI 的 GPT-4 正式推出之前的序章。",
  readingNum: 23,
  collectionNum: 3,
  commentNum: 0,
  author: "阿尔法兔",
  dateTime: "24 小时前",
  detail: "Generative Pre-trained Transformer (GPT)，是一种基于互联网可用数据训练的文本生成深度学习模型。它用于问答、文本摘要生成、机器翻译、分类、代码生成和对话 AI。2018 年，GPT-1 诞生，这一年也是 NLP(自然语言处理)的预训练模型元年。性能方面，GPT-1 有着一定的泛化能力，能够用于和监督任务无关的 NLP 任务中。其常用任务包括：自然语言推理：判断两个句子的关系(包含、矛盾、中立)；问答与常识推理：输入文章及若干答案，输出答案的准确率；语义相似度识别：判断两个句
```

子语义是否相关；分类：判断输入文本是指定的哪个类别；虽然 GPT-1 在未经调试的任务上有一些效果，但其泛化能力远低于经过微调的有监督任务，因此 GPT-1 只能算得上一个还算不错的语言理解工具而非对话式 AI。GPT-2 也于 2019 年如期而至，不过，GPT-2 并没有对原有的网络进行过多的结构创新与设计，只使用了更多的网络参数与更大的数据集：最大模型共计 48 层，参数量达 15 亿，学习目标则使用无监督预训练模型做有监督任务。在性能方面，除了理解能力外，GPT-2 在生成方面第一次表现出了强大的天赋：阅读摘要、聊天、续写、编故事，甚至生成假新闻、钓鱼邮件或在网上进行角色扮演通通不在话下。在"变得更大"之后，GPT-2 的确展现出了普适而强大的能力，并在多个特定的语言建模任务上实现了彼时的最佳性能。之后，GPT-3 出现了，作为一个无监督模型(现在经常被称为自监督模型)，几乎可以完成自然语言处理的绝大部分任务，例如面向问题的搜索、阅读理解、语义推断、机器翻译、文章生成和自动问答等等。而且，该模型在诸多任务上表现卓越，例如在法语-英语和德语-英语机器翻译任务上达到当前最佳水平，自动产生的文章几乎让人无法辨别出自人还是机器(仅 52%的正确率，与随机猜测相当)，更令人惊讶的是在两位数的加减运算任务上达到几乎 100% 的正确率，甚至还可以依据任务描述自动生成代码。一个无监督模型功能多效果好，似乎让人们看到了通用人工智能的希望，可能这就是 GPT-3 影响如此之大的主要原因。",

    postId: 3,

    },

    {

    date: "February 22 2023",

    title: "2022 全球运动员收入第一名：力压梅西、C 罗、内马尔，吸金 8.7 亿元",

    postImg: "/images/post/post2.jpg",

    avatar: "/images/avatar/1.png",

    content: "美国体育商业媒体 Sportico 发布报告显示：迈克尔•乔丹以 33 亿美元(约合人民币 227 亿元)荣膺有史以来收入最高的运动员，紧随其后的是泰格• 伍兹(25 亿美元)、阿诺德• 帕尔默(17 亿美元.",

    readingNum: 96,

    collectionNum: 7,

    commentNum: 4,

    author: "林白衣",

    dateTime: "24 小时前",

    detail: "排在榜单 6-10 位的分别是史蒂芬•库里(篮球)、凯文•杜兰特(篮球)、罗杰• 费德勒(网球)、詹姆斯•哈登(篮球)、泰格• 伍兹(高尔夫)。刚刚度过 35 岁生日的库里，尽管饱受伤病困扰，依旧交出场均30.1 分 6.2 篮板 6.3 助攻 1.6 抢断的成绩。所在的金州勇士队，目前以 36 胜 34 负的战绩排名西部第六。值得一提的是，凭借出色的战绩和运营，勇士打破了尼克斯和湖人 20 多年的垄断，以 70 亿美元的身价登顶福布斯 2022 年 NBA 球队价值榜。2021-22 赛季，他们赢得了八年来的第四个总冠军，并创下 NBA历史上最多的球队收入(扣除联盟的收入分成后为 7.65 亿美元)和最高的运营利润(2.06 亿美元)。除此之外，勇士队从球场赞助和广告中获得的收入高达 1.5 亿美元，是其他球队的两倍。在新的大通中心球馆(Chase Center)打完的第一个完整赛季，光是豪华座席收入就超过 2.5 亿美元，也是迄今为止联盟中最多的。",

    postId: 2

    },

    {

    date: "Jan 29 2017",

    title: "飞驰的人生",

    postImg: "/images/post/jumpfly.png",

    avatar: "/images/avatar/avatar-3.png",

    content: "《飞驰人生》应该是韩寒三部曲的第三部。从《后悔无期》到《乘风破浪》再到《飞驰人生》...",

    readingNum: 56,

```
        collectionNum: 6,
        commentNum: 0,
        author: "林白衣",
        dateTime: "24 小时前",
        detail: "《飞驰人生》应该是韩寒三部曲的第三部。从《后悔无期》到《乘风破浪》再到《飞驰人
生》，故事是越讲越直白，也越来越贴近大众。关于理想、关于青春永远是韩寒作品的主题。也许生活
确实像白开水，需要一些假设的梦想，即使大多数人都不曾为梦想努力过，但我们依然爱看其他人追
梦，来给自己带来些许的慰藉。...",
        postId: 3
    },
    {
        date: "Sep 22 2016",
        title: "换个角度，再来看看微信小程序的开发与发展",
        postImg: "/images/post/post-2.jpg",
        avatar: "/images/avatar/avatar-2.png",
        content: "前段时间看完了雨果奖中短篇获奖小说《北京折叠》。很有意思的是，张小龙最近也要把
应用折叠到微信里，这些应用被他称为：小程序...",
        readingNum: 0,
        collectionNum: 0,
        commentNum: 0,
        author: "林白衣",
        dateTime: "24 小时前",
        detail: "我们先举个例子来直观感受下小程序和 App 有什么不同。大家都用过支付宝，在其内部包
含着很多小的服务：手机充值、城市服务、生活缴费、信用卡还款、加油服务，吧啦吧啦一大堆服务。
这些细小的、功能单一的服务放在支付宝这个超级 App 里，你并不觉得有什么问题，而且用起来也很方
便。那如果这些小的应用都单独拿出来，成为一个独立的 App",
        postId: 4
    },
    {
        date: "Jan 29 2017",
        title: "2017 微信公开课 Pro",
        postImg: "/images/post/post-3.jpg",
        avatar: "/images/avatar/avatar-4.png",
        content: "在今天举行的 2017 微信公开课 PRO 版上，微信事业群总裁张小龙宣布，微信"小程序"将
于 1 月 9 日正式上线。",
        readingNum: 32,
        collectionNum: 2,
        commentNum: 0,
        author: "林白衣",
        dateTime: "24 小时前",
        detail: "在今天举行的 2017 微信公开课 PRO 版上，微信宣布，微信"小程序"将于 1 月 9 日正式上
线，公布了几乎完整的小程序生态模式：微信里没有小程序入口、没有应用市场，分发模式几乎沿用公
众号的模式，去中心化，限制搜索的能力，大多数小程序不能支持模糊搜索，必须输入完整的小程序名
称...",
        postId: 5
    }
];
```

```
// 模拟文章页面中轮播数据
var bannerListData = ['/images/post/post-1.png','/images/post/post-2.png','/images/post/post-3.png'];
```

(2) 向外导出模块中文章列表数据和文章轮播数据。

目前实现数据分离，可以视为小程序的一个模块，那么如何调用这个模块的内容呢？接下来使用 JavaScript 中的 module.exports 向外暴露一个接口，然后在 data.js 文件的最下部添加如下代码：

```
// 向外导出模块中文章列表数据和文章轮播数据
module.exports={
 postList:postListData,
 bannerList:bannerListData
}
```

(3) 使用模块化编程导入 postList 模块加载数据。

定义好模块后，接下来就可以在其他.js 文件中引用这个模块。按照之前的逻辑，需要在 posts.js 中调用，因此在 posts.js 中引入 data.js 这个模块，代码如下：

```
// 使用模块化编程导入 postList 模块加载数据
var postData = require("../../data/data");
```

(4) 通过模块调用数据。

引入模块，接下来就可以使用了。和之前的数据绑定方法一样，使用 this.setData 方法进行数据绑定，代码如下：

```
/**
 * 页面的初始数据
 */
data: {
    // 轮播图(模拟服务器端获得数据)
    bannerList: [],
    // 文章列表
    postList: []
},

/**
 * 生命周期函数：监听页面加载
 */
onLoad(options) {
 // 绑定数据
 this.setData({
    postList:postData.postList,
    bannerList:postData.bannerList
 })
}
```

这里需要注意的是，在使用 require(path)将模块导入 posts.js，并将模块对象赋值给 postData 时，如果需要获取模块对应变量的值，则需要调用对应的属性，例如使用 postData.postList 语句获取文章列表数据。其实这样的设计也体现了模块的优势，在某一个模块中可能需要很多数据，object 属性可以定义其他的数据内容，在这里就可以同时导出文章列表 postList 数据和轮播图列表 bannerList 数据。

保存代码，运行测试，可以发现运行效果与之前一样，表示业务数据(模拟数据)和业务处理逻辑成功分离。尽管在功能上没有变化，但这样更加符合实际开发场景。

任务 3.2 模块应用：利用模板提升文章列表的用户体验

3.2.1 任务描述

1. 需求分析

在微信小程序中 WXML 提供了模板支持，即可以把需要重复显示的内容定义在一个模板片段，然后在不同的地方调用。本小节的任务主要是使用微信小程序的模板技术来完成微信小程序文章页面中文章列表的显示。

2. 效果预览

完成本次任务，主要是对文章页面中的文章列表进行优化，显示效果与之前一致。

3.2.2 知识学习

文章页面中的文章列表显示是一个比较常用的功能，如果想在本项目的其他页面也使用这样的功能，将如何解决？第一个方法就是重新拷贝一份，这当然不是很好的选择。在程序设计中很多时候使用封装的特性让内容可以重复使用，小程序开发中的"模板"可以实现重复使用。

3.2.3 任务实施

对小程序的模板技术有一个初步的了解后，接下来，通过使用微信小程序的模板完成对文章页面列表的修改，其主要的实现步骤如下。

(1) 创建模板文件。

在/pages/posts 下新建目录 post-item，作为模板文件目录。接着在该目录下新建两个文件：post-item-tpl.wxml 和 post-item-tpl.wxss，分别保存模板的元素和样式。在这里使用 tpl 结尾，只是一种建议和习惯，并不是强制要求，开发者可以自定义模板名称。创建好的模板目录如图 3-3 所示。

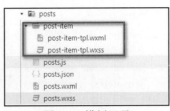

图 3-3　模板目录

(2) 在模板文件中添加模板内容。

为了简化 posts.wxml 中文章的开发，让文章可以成为一个单独的“组件”(但不是真的微信小程序组件，只是模板)供其他地方使用，分别把原 posts.wxml 文件的部分代码复制出来。现将 posts.wxml 中<block>标签中关于文章的代码剪切到 post-item-tpl.wxml 中，其代码如下：

```
<!--文章列表的每一项文章模板-->
<template name="postItemTpl">
 <view class="post-container">
   <view class="post-author-date">
     <image src="{{post.avatar}}" />
     <text>{{post.date}}</text>
   </view>
   <text class="post-title">{{post.title}}</text>
   <image class="post-image" src="{{post.postImg}}" mode="aspectFill"/>
   <text class="post-content">{{post.content}}</text>
   <view class="post-like">
    <image src="/images/icon/wx_app_collected.png" />
    <text>{{post.collectionNum}}</text>
    <image src="/images/icon/wx_app_view.png" />
    <text>{{post.readingNum}}</text>
    <image src="/images/icon/wx_app_message.png" />
    <text>{{post.commentNum}}</text>
   </view>
  </view>
</template>
```

同时需要把对应的样式内容剪切到对应的 post-item-tpl.wxss 文件中，代码如下：

```
/* 设置文章列表样式 */
.post-container{
 flex-direction:column;
 display:flex;
 margin:20rpx 0 40rpx;
 background-color:#fff;
 border-bottom: 1px solid #ededed;
 border-top: 1px solid #ededed;
 padding-bottom: 5px;
}
```

```
.post-author-date{
  margin: 10rpx 0 20rpx 10px;
  display:flex;
  flex-direction: row;
  align-items: center;
}

.post-author-date image{
  width:60rpx;
  height:60rpx;
}
.post-author-date text{
  margin-left: 20px;
}

.post-image{
  width:100%;
  height:340rpx;
  margin-bottom: 15px;
}

.post-date{
  font-size:26rpx;
  margin-bottom: 10px;
}
.post-title{
  font-size:16px;
  font-weight: 600;
  color:#333;
  margin-bottom: 10px;
  margin-left: 10px;
}
.post-content{
  color:#666;
  font-size:26rpx;
  margin-bottom:20rpx;
  margin-left: 20rpx;
  letter-spacing:2rpx;
  line-height: 40rpx;
}
.post-like{
  display:flex;
  flex-direction: row;
  font-size:13px;
  line-height: 16px;
  margin-left: 10px;
```

```
    align-items: center;
  }

  .post-like image{
    height:16px;
    width:16px;
    margin-right: 8px;
  }

  .post-like text{
    margin-right: 20px;
  }

  text{
    font-size:24rpx;
    font-family:Microsoft YaHei;
    color: #666;
  }
```

(3) 使用模板。

完成模板的内容，接下来需要了解如何引用 posts.wxml 文件和 posts.wxss 文件。在元素页面需要通过模板的 name 属性进行引用。首先需要在 posts.wxml 文件导入模板，然后使用<template>标签，其代码如下：

```
<!-- 文章列表 -->
  <block wx:for="{{postList}}" wx:for-item="post"  wx:for-index="idx" wx:key="postId">
    <template is="postItemTpl" data="{{post}}"></template>
  </block>
```

在<template>标签中使用模板时，需要注意 is 属性对应模板文件中定义的 name 属性。data 属性的作用是把每一篇文章数据传到模板中使用，在这里可以像使用函数一样传入参数。

目前是通过传入 data 参数，然后模板中使用传入 post 变量解析变量的内容，设计模板的初衷就是让模板在其他地方被重复利用，但目前模板使用固定的变量，显然这样"侵入式"设计不是一个好的办法。为了解决这个问题，就必须消除 template 对于外部变量名的依赖，可以使用扩展运算符"..."传入对象变量来消除这个问题，将 posts.wxml 中使用模板的地方更改为：

```
  <template is="postItemTpl" data="{{...post}}"></template>
```

同时去掉模板 post-item-tpl.wxml 文件中{{}}中所有对于 post 变量的引用,其代码如下：

```
<!-- 文章模板 -->
<template name="postItemTpl">
  <view class="post-container">
    <view class="post-author-date">
      <image src="{{avatar}}" />
```

```
      <text>{{date}}</text>
    </view>
    <text class="post-title">{{title}}</text>
    <image class="post-image" src="{{postImg}}" mode="aspectFill" />
    <text class="post-content">{{content}}</text>
    <view class="post-like">
    <image src="/images/icon/wx_app_collect.png" />
    <text>{{collectionNum}}</text>
    <image src="/images/icon/wx_app_view.png"></image>
    <text>{{readingNum}}</text>
    <image src="/images/icon/wx_app_message.png"></image>
    <text>{{commentNum}}</text>
    </view>
  </view>
</template>
```

保存并自动编译运行，发现文章列表可以正常显示。但页面的样式失效，接下来需要在 posts.wxss 文件导入模板的样式内容，其导入样式的代码如下：

```
<!-- 导入模板样式 -->
<import src="post-item/post-item-tpl"></import>
```

保存并自动编译运行，可以发现页面的样式已经正常了。

任务 3.3 生命周期探秘：微信小程序生命周期的测试与优化

3.3.1 任务描述

1. 具体需求分析

在微信小程序的开发中，理解与应用应用程序的生命周期会涉及项目开发整个生命周期，本节的任务是完成微信小程序应用生命周期的测试，通过测试加深对微信小程序应用生命周期的理解。

2. 效果预览

本次任务主要是针对微信小程序应用生命周期的测试，其测试结果将在任务实施中一一呈现。

3.3.2 知识学习

在前面的内容中已经介绍过微信小程序页面(page)的生命周期，同时也简单介绍了应用程序(App)的生命周期，本小节将更加深入地介绍微信小程序的底层运行逻辑，讲解小程序应用级别的生命周期。

从逻辑组成来看，一个小程序是由多个"页面"组成的"程序"。这里要区分"小程序"和"程序"的概念，往往我们需要在"程序"启动或者退出的时候存储数据或者在"页面"显示或者隐藏的时候做一些逻辑处理，了解程序和页面的概念以及它们的生命周期是非常重要的。"小程序"指的是产品层面的程序，而"程序"指的是代码层面的程序实例；一个小程序可以有很多页面，每个页面承载不同的功能，页面之间可以互相跳转。从代码来看，页面(page)对应实例化 page 实例，而应用程序(App)对应实例化 App 实例。

应用程序(App)实例化(文档中也叫作"注册")与页面(page)的实例化一样，实例化需要传入一个 Object 对象参数，通过参数指定生命周期的回调函数。在 app.js 文件中使用 App(Object)注册小程序，并在 object 中指定小程序的生命周期函数，Object 参数有如下几个：

(1) onLaunch(Object object) 监听小程序初始化，当小程序初始化完成，会触发执行。(全局只触发一次)

(2) onShow(Object object) 监听小程序显示，当小程序启动或从后台进入前台，会触发执行。

(3) onHide( ) 监听小程序隐藏，当小程序从前台进入后台，会触发执行。

(4) onError(String error) 监听小程序发生脚本错误，或者 API 调用失败，会触发执行，并带上错误信息。

3.3.3 任务实施

接下来通过案例测试微信小程序的应用程序(App)的生命周期回调函数的执行情况，需要在 app.js 文件编写测试代码，代码示例如下：

```
// app.js
App({
 /**
  * 当小程序初始化完成时，会触发 onLaunch(全局只触发一次)
  */
 onLaunch: function () {
  console.log("App:onLaunch:当小程序初始化完成时");
 },

 /**
  * 当小程序启动或从后台进入前台显示，会触发 onShow
```

```
    */
    onShow: function (options) {
      console.log("App:onShow:当小程序启动或从后台进入前台显示，会触发 onShow");
    },

    /**
    * 当小程序从前台进入后台，会触发 onHide
    */
    onHide: function () {
      console.log("App:onHide:当小程序从前台进入后台，会触发 onHide");
    },

    /**
    * 当小程序发生脚本错误，或者 api 调用失败时，会触发 onError 并带上错误信息
    */
    onError: function (msg) {
      console.log("App:onError:当小程序发生脚本错误，或者 api 调用失败时，会触发 onError 并带上错
误信息", msg);
    }
  })
```

保存并自动编译运行，控制台显示的运行效果如图 3-4 所示。

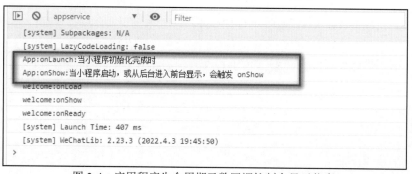

图 3-4　应用程序生命周期函数回调控制台显示信息

从控制台显示的信息可以看出，小程序执行 App 注册成功，并执行 onLaunch 函数和 onShow 函数。接下来单击模拟器的 Home 键，程序运行后的控制台信息如图 3-5 所示。

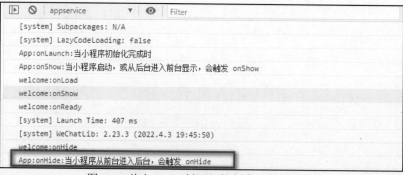

图 3-5　单击 Home 键回调控制台显示的信息

从控制台可以看出，onHide 回调函数被执行，接着单击"发现栏小程序主入口"，小程序回到当前的应用欢迎界面，控制台的执行效果如图 3-6 所示。

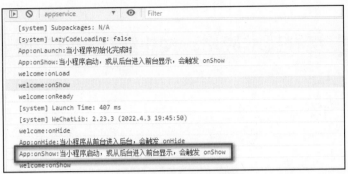

图 3-6 控制台显示信息

从示例测试可以很清楚地看出应用程序级别(App)的生命周期与页面(Page)的生命周期类似。基于应用程序的生命周期，很容易理解当程序需要一个全应用级别的作用范围的变量，才在 app.js 中进行处理，同时与页面(Page)的作用范围一致的变量就在对应页面的.js 文件中处理。

对应微信小程序的 App 实例，可以调用 getApp()方法获取，此方法可以在任何页面的.js 文件中调用。接下来通过一个简单的案例测试。在 app.js 定义一个全局对象，代码如下：

```
App({
 globalData:{
    globalMessage : "I am global data",
 }
})
```

在文章页面(posts.js 文件)的 onLoad 函数中获取全局变量的值，代码如下：

```
onLoad: function (options) {
 console.log("postData:",postData);
 // 绑定数据
 this.setData({
   postList:postData.postList,
   bannerList:postData.bannerList
 });

 // 获取应用级的全局变量
 var appInstance = getApp();
 console.log(appInstance.globalData);
},
```

加粗的代码为新增添的代码，保存并自动编译后执行，输出效果图如图 3-7 所示。

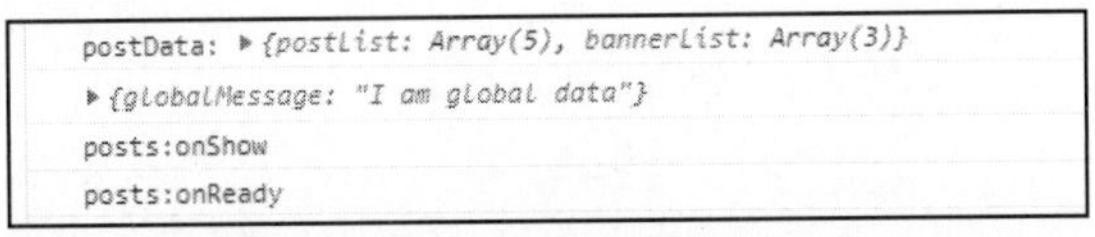

```
postData: ▶{postList: Array(5), bannerList: Array(3)}
          ▶{globalMessage: "I am global data"}
posts:onShow
posts:onReady
```

图 3-7 获得全局变量控制信息

需要注意的是如果在 app.js 中获得变量值，使用 this 就可以访问此变量了，原因是 app.js 中使用 this 表示当前 App 实例。

任务 3.4 缓存技术应用：使用缓存完成本地数据库模拟

3.4.1 任务描述

1. 需求分析

在前面的任务中已经实现数据从业务中分离，在本小节的任务中将使用微信小程序的本地缓存技术来存储文章页面数据。在这里不仅使用微信小程序的关于本地缓存的 API，同时使用 ES6 来重写缓存操作类。

2. 效果预览

本次任务主要针对本地存储数据处理逻辑进行优化，其显示效果与之前一致。

3.4.2 知识学习

1. 为什么使用缓存

在之前的小节中，我们使用 data.js 文件实现数据分离，但如果要修改数据怎么办？修改后的数据，还想共享给其他页面使用，并长期保存这些数据，怎么办？比如在后面章节中会增加文章阅读数计数、文章点赞等动态计算功能；用户重启应用后这些用户数据并不会丢失。

这时需要一个类似本地服务器的数据库，可以读取、保存、更新这些数据，且这些数据不会因应用程序重启或者关闭而消失。

小程序提供了一个非常重要的特性——缓存，接下来介绍如何使用微信小程序的缓存，最后将 data.js 文件的数据保存到缓存中，以形成数据库的初始化数据，方便其他页面进行调用。

2. 缓存 API 介绍

在微信小程序中的 API 中对于数据缓存分别有存储数据、读取数据、移出数据、清除数据四个大类的方法，数据缓存 API 如图 3-8 所示。

每一类方法都有同步和异步的实现方式，在这里主要介绍同步类的方法，其方法说明如下：

图 3-8 数据缓存 API

- wx.setStorageSync(string key, any data)：将数据存储在本地缓存指定的 key 中，会覆盖原来该 key 对应的内容，除非用户主动删除或因存储空间不足被系统清理，否则数据将一直可用。单个 key 允许存储的最大数据长度为 1MB，所有数据存储上限为 10MB。
- wx.getStorageSync(string key)：从本地缓存中同步获取指定 key 的内容。
- wx.removeStorageSync(string key)：从本地缓存中移除指定 key。
- wx.clearStorage(Object object)：清理本地数据缓存。

3.4.3 任务实施

1. 使用 Storage 缓存本地数据库

接下来要实现 data.js 的本地数据存储，其具体实现步骤如下：

(1) 在应用初始化的时机，即在应用启动时，在 app.js 中实现本地数据存储。

基于业务逻辑的分析，并结合应用程序的生命周期知识点和数据缓存的 API，首先在 app.js 中加入如下代码：

```
var dataObj = require("data/data.js");

App({

  globalData:{
    globalMessage : "I am global data",
  },
  /**
  * 当小程序初始化完成时，会触发 onLaunch(全局只触发一次)
  */
  onLaunch: function () {
    console.log("App:onLaunch:当小程序初始化完成时");
    // 保存本地数据
    wx.setStorageSync('postList', dataObj.postList);

  },
})
```

加粗的代码为新增添的代码，保存编译程序。目前没有办法从运行界面查看是否执行成功。微信开发工具也为开发者提供查看工具，在"调试器"控制面板中，有一个 Storage 控制面板，如图 3-9 所示。

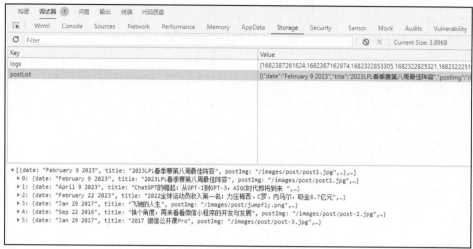

图 3-9 Storage 面板显示信息

上面的代码主要测试如何使用数据存储，小程序每次启动时，都会执行一次 setStorage。但实际上，如果不主动清除缓存，它是一直存在的，因此没有必要每次启动小程序时都执行一次初始化数据库。仅当缓存不存在时，执行一次即可。接下来对数据操作进行修改，每次初始化数据时进行判断，如果没有缓存数据，执行初始化，否则进行读取操作，并把数据保存到全局变量中，代码示例如下：

```
onLaunch: function () {
 console.log("App:onLaunch:当小程序初始化完成时");
 // 保存本地数据
 var storageData = wx.getStorageSync('postList');
 if(!storageData){
  var dataObj = require("data/data.js");
  // 清除缓存
  wx.clearStorageSync();
  // 保存本地数据
  wx.setStorageSync('postList', dataObj.postList);
 }else{
  // 保存全局变量中
  this.globalData.postList = storageData;
 }
},
```

(2) 完成本地缓存数据库，接下来在 posts.js 中通过读取全局变量，进行数据渲染，代码如下。

```
// 使用模块化编程导入 postList 模块加载数据
var postData = require("../../data/data");
var appInstance = getApp();

Page({
 /**
```

```
 * 页面的初始数据
 */
data: {

  // 轮播图(模拟服务器端获得数据)
  bannerList: [],
  // 文章列表
  postList: []
},

/**
 * 生命周期函数：监听页面加载
 */
onLoad: function (options) {
  console.log("postData:",postData);

  // 绑定数据
  this.setData({
    postList:appInstance.globalData.postList,
    bannerList:postData.bannerList
  });
 }
})
```

　　保存并自动编译代码后，运行效果与之前一样。相对之前直接读取 data.js 数据，文章列表的数据通过缓存数据库读取，并通过全局变量在 posts.js 获得，目前我们已经初步完成使用缓存模拟服务器数据库的操作。

2. 使用 ES6 重写缓存操作类

　　基于上面的内容，我们已经基本掌握小程序中缓存的基本使用方法，接下来使用模块化的思路对数据库操作进一步进行封装，把关于文章相关的数据库操作封装到一个对象，方便调用与后期的维护，在这里使用 ES6 ECMAScript 6.0(以下简称 ES6)的新特性 Class、Module 来改写缓存操作类。首先定义保存数据库操作对象目录，命名为 dao，然后在对应目录创建文件 PostDao.js，表示为"文章"相关数据库操作类，代码如下：

```
// 文章数据库操作对象
class PostDao{
    constructor(url){
        this.storageKeyName = 'postList';

    }

    // 获得全部文章列表
    getAllPostData(){
        let res = wx.getStorageSync(this.storageKeyName);
        // 如果缓存数据为空，初始化缓存数据
```

```
      if(!res){
        res = require("../data/data.js").postList;
        wx.setStorageSync(this.storageKeyName, res);
      }
      return res;
    }
    // 获得文章页面轮播图列表
    getAllPostBannerListData(){
      let res = require("../data/data.js").bannerList;
      return res;
    }
}
// 通过 ES6 语法导出模块
export {PostDao}
```

在 PostDao.js 文件分别定义获得文章列表和轮播图列表的方法，接下来进一步修改 posts.js 的代码，使用 PostDao 类获取业务数据，对应的代码如下：

```
/**
 * 生命周期函数：监听页面加载
 */
onLoad: function (options) {

  // 创建文章操作对象 PostDao
  let postDao = new PostDao();
  // 获得文章列表数据
  let postList = postDao.getAllPostData();
  // 获得轮播列表数据
  let bannerList = postDao.getAllPostBannerListData();

  // 绑定数据
  this.setData({
    postList:postList,
    bannerList:bannerList
  });
}
```

在 posts.js 中使用 PostDao 类，需要通过 ES6 的模块导入，posts.js 文件在最前面，代码如下：

```
// 导入 PostDao 模块
import {PostDao} from '../../dao/PostDao';
```

保存并自动编译代码，运行效果与之前一样，表示任务顺利完成。

任务 3.5　升级欢迎页面：添加用户登录授权功能

3.5.1　任务描述

1. 需求分析

在实际的小程序应用中，用户登录授权是一个非常常用且重要的功能模块，接下来通过对欢迎页面进行升级，使之实现登录授权功能。在之前的欢迎页面中关于用户图片和姓名相关信息的显示使用固定的信息来处理，修改升级后进入欢迎页面，需要用户授权登录后才能显示当前微信用户的相关信息。在本任务中将使用微信提供的相关 API 实现用户登录授权功能。

2. 效果预览

完成本次任务，进入欢迎页面，如图 3-10 所示。

用户单击"用户登录授权"，登录授权成功后，页面切换至授权后的效果，如图 3-11 所示。

图 3-10　用户未授权欢迎页面

图 3-11　用户授权成功欢迎页面

3.5.2　知识学习

在实际的小程序应用中，用户登录授权是一个非常常用且重要的功能模块，接下来通过对欢迎页面进行升级，使之实现登录授权功能。在之前的欢迎页面中关于用户图片和姓名等相关信息的显示使用固定的信息来处理，修改升级后进入欢迎页面，需要用户授权登录才能显示当前微信用户相关的信息。本节将使用微信提供的相关 API 实现用户登录授权功能。

在实现用户授权功能之前,首先需要了解在微信小程序实现用户登录授权功能所调用的 API,其常用的 API 是 wx.getUserInfo(Object object)和 wx.getUserProfile(Object object),两个 API 都是获取用户信息,后者主要是前者的替代方法,因此在这里重点为大家介绍 wx.getUserProfile(Object object)的使用方法,此方法的具体功能为获取用户信息。页面产生点击事件后才可调用,每次请求都会弹出授权窗口,用户同意后返回 userInfo。该接口用于替换 wx.getUserInfo。对应的 Object 参数说明如表 3-1 所示。

表 3-1　Object 参数说明

属性	类型	默认值	是否必须	说明
lang	string	en	否	显示用户信息的语言
desc	string		是	声明获取用户个人信息的通道,不超过 30 个字符
success	funtion		否	接口调用成功的回调函数
fail	funtion		否	接口调用失败的回调函数
complete	funtion		否	接口调用结束的回调函数(调用成功、失败都会执行)

详细内容可参考官方文档,网址为 https://developers.weixin.qq.com/miniprogram/dev/api/open-api/user-info/wx.getUserProfile.html。

在这里需要特别注意的是,微信官方对于获取用户信息的 API 在 2022 年 5 月 9 日做了比较大的调整(详细内容可以参考官方用户信息接口调整说明,网址为 https://developers.weixin.qq.com/community/develop/doc/00022c683e8a80b29bed2142b56c01。

3.5.3　任务实施

对用户登录授权进行如下逻辑分析:

(1) 用户第一次进入欢迎页面,未授权的情况,页面仅显示"用户登录授权"按钮。点击"用户登录授权"按钮处理用户登录授权逻辑。

(2) 当用户已经登录授权进入欢迎页面,显示用户相关信息和"退出登录"按钮。点击"退出登录"按钮处理用户取消授权的逻辑。

基于整体业务逻辑的分析,具体完成步骤如下:

① 修改欢迎页面内容(welcome.wxml 文件),使之满足用户登录授权的显示逻辑,代码如下:

```
<view class="container">
  <!-- 用户信息 -->
  <view class="userinfo">
    <block wx:if="{{!userInfo}}">
      <button bindtap="login">用户登录授权</button>
    </block>
    <block wx:else>
```

```
<image bindtap="bindViewTap" class="userinfo-avatar" src="{{userInfo.avatarUrl}}" mode="cover"></image>
      <text class="motto">你好！{{userInfo.nickName}}</text>
      <button bindtap="loginOut">退出登录</button>
      <view catchtap="goToPostPage" class="journey-container">
        <text class="journey">开启小程序之旅</text>
      </view>
    </block>
  </view>
</view>
```

在这里需要注意，在页面代码中使用 wx:if 与 wx:else 判断页面元素显示逻辑，这里不对该内容做详细介绍，具体使用可以参考官方文档，网址为 https://developers.weixin. qq.com/miniprogram/dev/reference/wxml/conditional.html。

② 完成用户登录授权和退出登录业务逻辑，在 welcome.js 文件中添加对应的处理逻辑，代码如下：

```
// 用户登录授权
login() {
  console.log('用户点击登录授权');
  wx.getUserProfile({
    desc: '用于完善会员资料',
    success: res => {
      let userInfo = res.userInfo;
      // 登录授权成功，保存用户信息到缓存
      wx.setStorageSync('userInfo', userInfo)

      this.setData({
        userInfo: userInfo
      });
    }
  })
},

// 用户退出登录
loginOut() {

  this.setData({
    userInfo: ''
  });
  // 清除缓存中的用户信息
  wx.removeStorageSync('userInfo');
},
```

在用户登录授权的代码中，调用 wx.getUserPorfile 方法，需要强调的是方法 Object 参数中的 "desc" 是一个必需的参数，主要描述用户授权信息。在 object.success 回调函数中，可以通过 userInfo 属性获得用户信息。在用户登录授权后，需要对用户信息进行缓存数据保存。最后进行数据绑定，并重新渲染页面。用户退出登录的处理逻辑很简单，需要把

userInfo 绑定为空(' ')，同时移除对应的缓存信息。保存代码，自动编译后运行。当用户未进行授权登录，进入欢迎页面，运行效果与预览效果一致，如图 3-10 所示。

点击"用户登录授权"按钮，系统会弹出用户授权提醒，如图 3-12 所示。

图 3-12　用户授权提醒

点击"拒绝"将授权失败，返回上图。如果点击"允许"，将执行 success 的回调函数进行处理，页面重新渲染，运行效果与预览效果一致，如图 3-11 所示。

点击"退出登录"，代码执行 loginOut 函数进行处理，页面回到未授权状态。

为了演示方便，除了使用 wx.clearStorageSync()代码清除缓存之外，在模拟器中还可以通过微信开发工具进行清除，点击"编译"右侧的"清缓存"按钮，弹出关于清除缓存的操作选项，如图 3-13 所示。

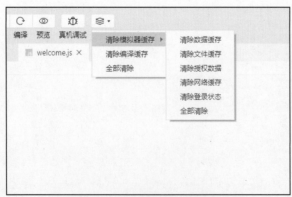

图 3-13　清除登录状态操作

点击"全部清除"将清除模拟器中所有的缓存和登录授权，点击"清除登录状态"，将清除用户授权状态。

到目前为止，已基本完成用户登录授权功能，但由于微信官方对应获取用户信息的 API 的调整(上面已经提到)，在基础库 2.27.1 及以上的版本不再支持。接下来，选择新的基础库进行测试。具体的操作过程如下：选择微信小程序工具中的"设置"菜单，选择"本地设置"，把原有的 2.19.2 的版本替换为 2.31.0 的版本，如图 3-14 所示。

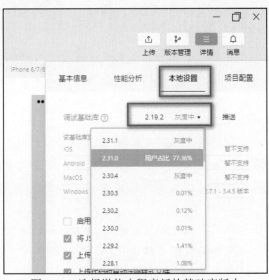

图 3-14 选择微信小程序新的基础库版本

重新运行，点击"用户授权"按钮，运行结果如图 3-15 所示。
完成用户登录授权的全部功能。

图 3-15 设置新版本的基础库运行

小程序开发中的信息安全与隐私保护

党的二十大报告对强化网络、数据等安全保障体系建设作出重大决策部署。我们要深入贯彻落实习近平总书记重要论述和党的二十大精神，不断完善数据安全治理体系，全面加强网络安全和数据安全保护。

随着微信小程序的广泛应用，小程序开发中的信息安全与隐私保护问题日益突出。小程序开发者在使用缓存 API 和用户授权 API 时，应遵守相关法律法规，保障用户隐私和信息安全。

一、用户隐私保护的法律责任

根据《中华人民共和国网络安全法》《中华人民共和国数据安全法》和《中华人民共和国个人信息保护法》等相关法律法规，小程序开发者有义务保护用户隐私，不得非法收集、使用、泄露或篡改用户信息。违反相关法律法规，将承担相应的法律责任。

二、最小必要原则

在收集和使用用户信息时，小程序开发者应遵循最小必要原则，仅限于实现特定功能所必需的范围。例如，一个提供定位服务的小程序只需要收集用户的地理位置信息，而无须收集用户的姓名、身份证号等其他个人信息。

三、用户知情同意

在收集和使用用户信息之前，小程序开发者应向用户充分告知相关信息，并征得用户的明确同意。小程序应设置清晰易懂的隐私政策，详细说明收集和使用用户信息的目的、方式和范围。用户应有权随时撤销同意。

四、信息安全技术措施

小程序开发者应采取必要的技术措施，确保用户信息的安全存储和传输。例如，使用加密技术对用户信息进行加密存储、使用超文本传输安全协议(hypertext transfer protocol secure，HTTPS)传输用户信息。小程序还应定期进行安全漏洞扫描和修复，防止用户信息泄露或篡改。

五、网络诚信与道德

小程序开发者应遵守网络诚信和道德规范，不从事侵犯用户隐私或损害网络安全的行为。例如，不使用缓存 API 非法存储用户信息，不使用用户授权 API 收集和使用与小程序功能无关的用户信息。

保障用户隐私和信息安全，是小程序开发者应尽的社会责任。小程序开发者应自觉遵守相关法律法规，遵循最小必要原则、用户知情同意和信息安全技术措施等原则，树立正确的网络道德观，共同维护健康的网络环境。

案例一：

2021 年，一款名为"健康码查询"的小程序因非法收集和使用用户信息被相关部门处罚。该小程序在未经用户同意的情况下，收集了用户的姓名、身份证号、手机号等个人信息，并将其上传至服务器。相关部门责令小程序开发者停止违法行为，并对用户进行赔偿。

案例二：

2022 年，一款名为"外卖小哥"的小程序因存在安全漏洞，导致用户订单信息泄露。黑客利用该漏洞获取了用户的姓名、地址、手机号等个人信息，并将其用于诈骗和骚扰。相关部门对小程序开发者进行了处罚，并要求其立即修复安全漏洞。

人物一：

张某是一名小程序开发者。他开发了一款名为"学习通"的小程序，用于在线教育。在开发过程中，张某严格遵守相关法律法规，遵循最小必要原则，仅收集和使用必要的用户信息。同时，他采取了加密存储、安全传输等技术措施，确保用户信息的安全。

人物二：

李某也是一名小程序开发者。他开发了一款名为"八卦神器"的小程序，用于查看明星八卦。在开发过程中，李某为了获取更多的用户数据，非法收集了用户的姓名、身份证号、手机号等个人信息。他还将这些信息出售给第三方，从中牟利。

通过以上案例和人物对比，我们可以看到，小程序开发者在信息安全与隐私保护方面肩负着重要的社会责任。遵守相关法律法规，遵循最小必要原则、用户知情同意和信息安全技术措施等原则，是每一位小程序开发者应尽的义务。

小程序开发者应树立正确的网络道德观，不从事侵犯用户隐私或损害网络安全的行为。只有这样，才能维护用户的合法权益，促进小程序行业的健康发展。

单元小结

- 掌握小程序模块的使用。
- 掌握小程序中模板的使用。
- 理解小程序的应用程序的生命周期。
- 掌握小程序本地缓存 API 的使用，并实现本地数据模拟。
- 掌握小程序获取用户 API 的使用，并实现用户登录首选功能。

单元自测

1. 微信小程序框架中用来定义模板的是(　　)。
   A. <view>　　　　　　　　　　　　B. <template>
   C. <block>　　　　　　　　　　　　D. <include>
2. 下列选项中，不属于 App 生命周期函数的是(　　)。
   A. onLaunch　　　　　　　　　　　B. onLoad
   C. onUnload　　　　　　　　　　　D. onHide

3. 下列关于小程序 App 生命周期的说法错误的是(　　)。

A. onLaunch(Object object) 监听小程序初始化，当小程序初始化完成，会触发执行

B. 在 app.js 中使用 this 表示 Windows 对象

C. 可以使用 getApp()方法获得注册的 App 实例

D. 从逻辑来讲一个"小程序"由多个"页面"组成

4. 下列关于小程序数据缓存 API 的说法，错误的是(　　)。

A. wx.setStorage()异步保存数据缓存

B. wx.getStorageInfoSync()同步获取当前 storage 的相关信息

C. wx.getStorage()从本地缓存中异步获取指定 key 的内容

D. 异步方式需要执行 try…catch 捕获异常来获取错误信息

5. 下列选项中，不属于用户信息属性的是(　　)。

A. nickName   B. avatarUrl

C. sex   D. language

上机实战

上机目标

- 理解数据业务分离与模块化的概念
- 掌握小程序模板的使用方法
- 掌握小程序本地缓存 API 的使用
- 掌握利用小程序获取用户信息的使用

上机练习

◆ 第一阶段 ◆

练习 1：如图 3-16 所示为基于单元二小米商场上机任务中升级商品模块的功能，具体功能要求如下。

【问题描述】

(1) 完成项目代码模块化，对商品数据操作进行封装。

(2) 使用小程序的模板完成商品列表的优化。

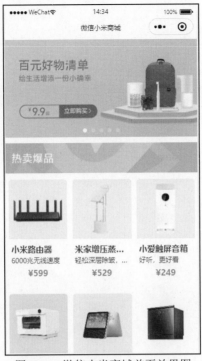

图 3-16　微信小米商城首页效果图

【问题分析】

根据上面的问题描述，对商品模块进行优化主要有两个功能要实现，第一是把商品数据进行业务分离，第二是把每个商品信息做成模板，然后通过模板把不同商品数据导入商品列表中。

【参考步骤】

(1) 打开微信开发者工具，选择【项目】菜单，然后选择【导入项目】导入单元二中的小米商场案例。

(2) 创建 data 目录，在 data 目录中创建 data.js 文件，然后把商品数据保存到 data.js 文件中，代码如下：

```
// 定义商品列表
var goodList = [{
    gid: "1",
    image: "/images/good01.jpg",
    title: "小米路由器",
    attr: "6000 兆无线速度",
    price: "599"
},
{
    gid: "2",
    image: "/images/good02.jpg",
    title: "米家增压蒸汽挂烫机",
    attr: "轻松深层除皱，熨出专业效果",
```

```
      price: "529"
    },
    {
      gid: "3",
      image: "/images/good03.jpg",
      title: "小爱触屏音箱",
      attr: "好听，更好看",
      price: "249"
    },
    {
      gid: "4",
      image: "/images/good04.jpg",
      title: "米家智能蒸烤箱",
      attr: "30L 大容积，蒸烤烘炸炖一机多用",
      price: "1499"
    },
    {
      gid: "5",
      image: "/images/good05.jpg",
      title: "触屏音箱 Pro",
      attr: "大屏不插电，小爱随身伴",
      price: "599"
    },
    {
      gid: "6",
      image: "/images/good06.jpg",
      title: "米家互联网洗碗机 8 套嵌入式",
      attr: "洗烘一体，除菌率高达 99.99%",
      price: "2299"
    },
];

// 导出商品列表数据
module.exports = {
  goodList:goodList
}
```

(3) 创建 dao 目录，在新目录中新建 GoodDao.js 文件，使用 ES6 的语法封装商品信息。示例代码如下：

```
// 商品数据操作对象
class GoodDao{
  constructor(key){
    this.storageKeyName = 'goodList';
  }
  // 初始化商品数据
  exeCuteInitGoodData(){
```

```
    let goodList = wx.getStorageSync(this.storageKeyName);
    if(!goodList){
      // 加载数据模块
      let dataModel = require("../data/data");
      // 清除数据
      wx.clearStorageSync();
      // 获得商品列表数据
      let goodListData = dataModel.goodList;
      // 保存数据到缓存中
      wx.setStorageSync(this.storageKeyName, goodListData);
    }
  }

  // 获得商品列表
  getGoodListData(){
    let goodList = wx.getStorageSync(this.storageKeyName);
    return goodList;
  }
}
export {GoodDao}
```

（4）在页面对应逻辑处理文件 index.js 中，添加显示商品信息的代码。代码如下：

```
import {
  GoodDao
} from '../../dao/GoodDao';
Page({

  /**
   * 页面的初始数据
   */
  data: {

    // 轮播信息
    bannerData: {

      listImage: ["../../images/01.jpg", "../../images/02.jpg", "../../images/03.jpg", "../../images/04.jpg", "../../images/05.jpg"],
      indicatordots: true,
      indicatorolor: "rgba(255,255,255,0.3)",
      indicatoractivecolor: "#edfdff",
      autoplay: true,
      interval: "5000",
      circular: true,
    },

    // 商品列表
    goodList: []
```

```
},

/**
* 生命周期函数：监听页面加载
*/
onLoad: function (options) {

  let goodDao = new GoodDao();
  let goodList = goodDao.getGoodListData();
  this.setData({
    goodList
  })
},
```

请注意，加粗的代码为新添加的代码。保存代码，进行测试，运行效果如图 3-14 所示。

(5) 在 good 目录下创建 good-item 目录，在此目录中创建商品模板的文件 good-item-tpl.wxml 和 good-item-tpl.wxss，如图 3-17 所示。

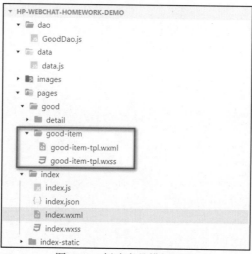

图 3-17　创建商品模板目录

对应的模板框架文件 good-item-tpl.wxml 的代码如下：

```
<template name="goodItemTpl">
  <view class="good" bind:tap="goToGoodDetail">
     <image class="good-img" src="{{image}}"></image>
     <view class="good-info">
       <text class="info-title">{{title}}</text>
       <text class="info-attr">{{attr}}</text>
       <view class="info-price"><text>{{price}}</text></view>
     </view>
  </view>
</template>
```

对应的模板样式文件 good-item-tpl.wxss 的代码如下：

```
/* 商品列表样式 */
.good-list{
 background-color: #fffdff;
 display: flex;
 flex-direction: row;
 flex-wrap: wrap;
 justify-content:space-between;
 margin-top: 16rpx;
 padding: 0 12rpx ;

}

.good{
 width: 228rpx;
 display: flex;
 flex-direction:column;
 align-items: center;
 padding-bottom: 60rpx;
}

.good-img{

 width: 228rpx;
 height: 228rpx;
 border-radius: 10rpx 10rpx 0rpx 0rpx;
}

.good-info{

 display:flex;
 flex-direction: column;
 align-items: center;
 width: 288rpx;
 margin-top: 24rpx;

}

.good-info text{
  margin-bottom: 14rpx;
}

.info-title{
 width: 210rpx;
 height: 30rpx;
 line-height: 30rpx;
 font-weight: bold;
```

```
        color: #3c3c3c;
        white-space:nowrap;
        overflow: hidden;
        text-overflow: ellipsis;
    }

    .info-price text::before{
     content: '¥';
    }

    .info-attr{

        width: 210rpx;
        height: 30rpx;
        line-height: 30rpx;
        color: #3c3c3c;
        white-space:nowrap;
        font-size: 28rpx;
        overflow: hidden;
        text-overflow: ellipsis;
    }
    .info-price{

        color:#ff4a48;
        font-weight: 700;

    }
```

(6) 修改 index.wxml 代码，加入导入模板和引用模板代码，代码如下：

```
 <!--导入商品模板-->
<import src="../good/good-item/good-item-tpl"></import>
 <!--商品模板引用-->
<view class="good-list">
  <block wx:for="{{goodList}}" wx:for-item="good" wx:key="gid">
   <template is="goodItemTpl" data="{{...good}}"></template>
  </block>
 </view>
```

保存代码，进行测试，运行效果如图 3-16 所示，表示任务完成。

◆ 第二阶段 ◆

练习 2：基于练习 1 的小米商场案例，完成个人中心页面授权功能，具体功能描述如下。

【问题描述】

根据上文描述，即用户单击首页的商品列表中任何一个商品图片，查看商品详情信息。如果用户已经授权登录页面则跳转到详情页面；如果未进行用户授权，则跳转到个人中心页面进行页面授权操作，如图 3-18 所示。

图 3-18　个人中心页面未授权

【问题分析】

　　根据问题描述，需要在处理跳转详情页面的方法中进行用户授权判断，如果未授权则跳转到个人中心未授权的页面，登录授权的具体步骤可以参考 3.5 节中用户授权的实现步骤。

単元

四

完善并优化文章详情页面

🚏 课程目标

项目目标

❖ 实现文章详情页面基础功能

❖ 实现文章详情页面收藏功能

❖ 实现文章详情页面点赞功能

❖ 实现文章评论功能

技能目标

❖ 掌握页面参数的传递技巧，学会动态设置标题

❖ 掌握微信小程序交互反馈组件的使用和动画效果 API 的使用

❖ 掌握微信小程序中图片预览、录音、拍照及播放录音相关 API 的使用

❖ 了解小程序的全局配置文件、全局样式和应用程序级别 JavaScript 文件

素质目标

❖ 具有良好的对应系统排错能力

❖ 培养对业务模型的分析与设计能力

❖ 养成精益求精、追求卓越的职业品质

 简介

在上一单元我们已经完成文章的列表页面，本单元主要完成文章的详情页面的开发工作，其主要内容包含详情页面基本功能的实现、文章的收藏与点赞功能的实现、文章评论功能的实现。

在实现详情页面的基本功能中，我们将学到不同页面的传递技巧和动态设置导航栏标题的知识点，在实现文章手册与点赞功能中，将学到微信交互反馈的 API 的使用和小程序使用动画的知识点，在实现文章的评论功能中，将学到微信小程序关于图片预览、拍照、语音录制与部分相关的 API 的使用。

随着微信小程序的广泛应用，小程序开发中的信息安全与隐私保护问题日益突出。小程序开发者在使用缓存 API 和用户授权 API 时，应遵守相关法律法规，保障用户隐私和信息安全。

任务 4.1 构建基础：完成文章详情页面的核心功能

4.1.1 任务描述

1. 需求分析

完成文章列表功能模块化升级后，在本节任务中我们将实现从文章列表页面进入文章详情页面的基础功能，在此任务中除了对原有基础知识进行应用，还将学到页面之间的数据传递和页面动态标题的使用。

2. 效果预览

完成本次任务后，将从文章页面单击文章列表的标题进入对应的文章详情页面，如图 4-1 所示。

图 4-1　文章详情页面显示效果

4.1.2　任务实施

完成项目的欢迎页面和文章页面整体功能与程序模块化的升级。本节将介绍从文章页面点击文章图片或标题跳转到对应文章的详情页面的功能。

在实现文章详情页面的功能中，除了完成文章详情页面的元素和样式的显示功能，核心工作是实现在跳转过程中进行页面之间的数据传递，同时在文章详情页面实现动态标题的显示。接下来通过示例为大家介绍具体的实现步骤。实现文章详情页面的基础功能，其具体步骤如下：

(1) 创建文章详情页面并实现静态框架与样式。

在 pages 目录创建一个名为 post-detail 的目录，并在此目录中新建页面，微信开发工具自动生成 4 个页面文件。在 post-detail.wxml 文件添加文章详情页面元素的内容，代码如下：

```
<!--pages/post-detail/post-detail.wxml-->
<!-- 文章详情页面 -->
<view class="container">
 <!--文章头部信息和详情内容 -->
 <view class="post-head">
  <image class="head-image" src="/images/post/post1.jpg"></image>
  <text class="title">2023LPL 春季赛第八周最佳阵容</text>
  <view class="author-date">
   <view class="author-box">
    <image class="avatar" src="/images/avatar/2.png"></image>
```

```
    <text class="author">爱微笑的程序猿</text>
   </view>
   <text class="date">24 小时前</text>
  </view>
  <!--文章详情内容-->
  <text class="detail">2023LPL 春季赛第八周最佳阵容：上单——EDG.Ale、打野——EDG.Jiejie、
  中单——LNG.Scout、ADC——WE.Hope、辅助——RNG.Ming。第八周 MVP 选——EDG.Jiejie，
  第八周最佳新秀——LGD.Xiaoxu。</text>
 </view>

 <!--文章点赞、评论、收藏信息-->
 <view class="tool">
  <view class="tool-item" catchtap="onUpTap">
   <image src="/images/icon/wx_app_like.png" />
   <text>{{post.upNum}}</text>
  </view>
  <view class="tool-item comment" data-post-id="{{post.postId}}" catchtap="onCommentTap">
   <image src="/images/icon/wx_app_message.png"></image>
   <text>{{post.commentNum}}</text>
  </view>
  <view class="tool-item" catchtap="onCollectionTap">
   <image src="/images/icon/wx_app_collect.png" />
   <text>{{post.collectionNum}}</text>
  </view>
 </view>
</view>
```

但这个页面样式是错乱的，在 post-detail.wxss 文件中加入样式的代码如下：

```
.container {
 display: flex;
 flex-direction: column;
}

/* 文章头部样式 */
.post-head{
 display: flex;
 flex-direction: column;
}

/* 文章图片样式 */
.head-image {
 width: 750rpx;
 height: 460rpx;
}

/* 文章标题样式 */
.title {
```

```
    font-size: 20px;
    margin: 30rpx;
    letter-spacing: 2px;
    color: #4b556c;
  }

  /* 文章作者与发布时间 */
  .author-date {
    display: flex;
    flex-direction: row;
    margin-top: 22rpx;
    margin-left: 30rpx;
    align-items: center;
    justify-content: space-between;
    font-size:13px;
  }

  .author-box {
    display:flex;
    flex-direction: row;
    align-items: center;
  }

  .avatar {
    height: 50rpx;
    width: 50rpx;
  }

  .author {
    font-weight: 300;
    margin-left: 20rpx;
    color: #666;
  }

  .date {
    color: #919191;
    margin-right: 38rpx;
  }

  /* 文章详情内容 */
  .detail {
    color: #666;
    margin: 40rpx 22rpx 0;
    line-height: 44rpx;
    letter-spacing: 1px;
    font-size:14px;
  }
```

```
/*点赞和评论*/
.tool{
  height: 64rpx;
  margin: 20rpx 28rpx 20rpx 0;
  display: flex;
  justify-content: center;
}
.tool-item{
  align-items: center;
  margin-right: 30rpx;
  display: flex;
}

.tool-item:last-child{
  margin-right: 0rpx;
}

.tool-item image{
  height: 30rpx;
  width:30rpx;
  margin-right: 10rpx;
}
```

保存并自动编译代码，文章详情页面的显示效果如图 4-2 所示。

图 4-2　文章详情页面显示效果

在不设置页面的位置，编译后显示的页面是默认的欢迎页面，除了在 app.json 中配置之外，微信开发工具也提供了一个类似的工具。点击编译按钮左边的 `pages/post-detail/po... ▾`，在编译模式选项中选择添加"添加编译模式"，打开如图 4-3 所示的对话框。

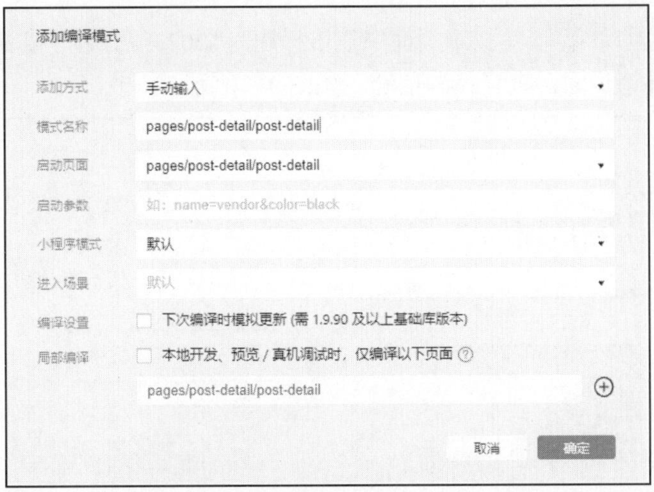

图 4-3　添加编译模式的"模式名称"

在"添加编译模式"对话框中，在"启动页面"中设置文章详情页面，两者内容一致，设置完成点击"确定"按钮，设置完成。这样在这个页面的开发阶段，修改代码查看效果，保存并自动编译代码后，启动页面模式为文章详情页面。

（2）实现从文章页面跳转到详情页面的动态数据绑定。

完成文章详情页面的内容，接下来需要在文章页面的 post.wxml 文件中添加页面处理方法，代码如下：

```
<!--文章列表 -->
<block wx:for="{{postList}}" wx:for-item="post" wx:for-index="postId" wx:key=index>
  <view catchtap="goToDetail" id="{{post.postId}}" data-post-id="{{post.postId}}">
    <template is="postItemTpl" data="{{...post}}"></template>
  </view>
</block>
```

加粗的代码为新添加的代码，需要注意，之前的文章列表是通过模板的方式实现的。在前面的章节中曾讲过，template 标签仅是一个占位符，在编译后 template 的模板内容替换，因此不能在 template 标签上绑定事件。解决办法就是在 template 标签外增加一个 view 标签，并将事件处理注册到 view 组件上。

同时，在注册事件时需要传递文章编号，以表示点击的是哪篇文章，一般使用 id 和 dataset 的方式进行数据绑定，在这里使用这两种方式，同时在 posts.js 中声明对应函数，代码如下：

```
// 跳转到文章详情页面
goToDetail(event){
  console.log("goToDetail",event);
  let postId = event.currentTarget.id;
```

```
wx.navigateTo({
    url: '../post-detail/post-detail?postId=' + postId,
})
},
```

保存代码后，自动编译，在文章页面中点击标题为"2023LPL 春季赛第八周最佳阵容"，页面跳转到文章详情页面，查看控制信息，如图 4-4 所示。

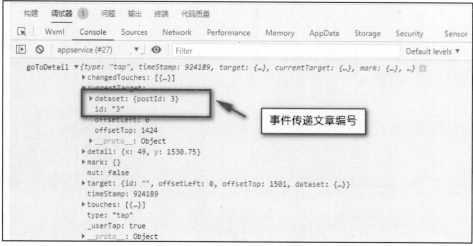

图 4-4　事件绑定传递文章编号

如果通过 id 获取编号值，则可以使用 event.currentTarget.id；如果通过 dataset 方式获取，则可以使用 event.currentTarget.dataset.postId。

跳转到文章详情页面，在这里需要通过 url 的 query 参数进行传递，这里与 HTML 中 a 标签的实现一样。

在文章详情页面获取从文章页面传递的参数值——文章编号，首先要在 PostDao.js 中添加一个根据编号获得文章对象的方法，代码示例如下：

```
// 根据编号获得文章数据对象
getPostDetailById(postId) {
    let postListData = this.getAllPostData();
    let length = postListData.length;
    for (let i = 0; i < length; i++) {
        if (postListData[i].postId == postId) {
            return {
                idx: i,
                data: postListData[i]
            }
        }
    }
}
```

然后在文章详情页面业务逻辑中，调用获得文章数据对象的方法，并把获得的数据通过数据绑定在页面显示渲染，业务逻辑处理的代码如下：

```
import {PostDao} from '../../dao/PostDao'
const postDao = new PostDao();
Page({

  /**
   * 页面的初始数据
   */
  data: {
    // 文章详情对象
    post:{}
  },

  /**
   * 生命周期函数：监听页面加载
   */
  onLoad(options) {
    // 获得文章编号
    let postId = options.postId;
    console.log("postId:" + postId);
    let postData = postDao.getPostDetailById(postId);
    console.log('postData',postData)
    this.setData({
      post:postData.data
    })
  }
})
```

最后修改文章详情页面的数据绑定代码，在 post-detail.wxml 中修改代码，代码如下：

```
<!--pages/post-detail/post-detail.wxml-->
<!-- 文章详情页面 -->
<view class="container">
  <!--文章头部信息和详情内容 -->
  <view class="post-head">
    <image class="head-image" src="{{post.postImg}}"></image>
    <text class="title">{{post.title}}</text>
    <view class="author-date">
      <view class="author-box">
        <image class="avatar" src="{{post.avatar}}"></image>
        <text class="author">{{post.author}}</text>
      </view>
      <text class="date">{{post.dateTime}}</text>
    </view>
    <!--文章详情内容-->
    <text class="detail">{{post.detail}}</text>
  </view>

  <!--文章点赞、评论、收藏信息-->
```

```
<view class="tool">
 <view class="tool-item" catchtap="onUpTap">
  <image src="/images/icon/wx_app_like.png" />
  <text>{{post.upNum}}</text>
 </view>
 <view class="tool-item comment" data-post-id="{{post.postId}}" catchtap="onCommentTap">
  <image src="/images/icon/wx_app_message.png"></image>
  <text>{{post.collectionNum}}</text>
 </view>
 <view class="tool-item" catchtap="onCollectionTap">
  <image src="/images/icon/wx_app_collect.png" />
  <text>{{post.collectionNum}}</text>
 </view>
 </view>
 </view>
```

保存代码，自动编译并运行。在文章列表中单击标题为"飞驰人生"的文章，跳转到文章详情页面，数据加载正确，如图4-5所示。

从图4-4可以看出，当从文章列表页面进入电影明细页面时，页面标题显示内容为"Weixin"。在微信小程序开发中配置导航栏的标题有两种方法。一种是通过配置文件的方式，在对应的页面配置文件(如 post-detail.json 文件)中配置当前页面的导航栏标题，另一种是在全局配置文件app.json 中进行配置，这里显示"Weixin"的内容就是在 app.json 中设置相关内容的原因，参考代码如下：

```
"window": {
   "backgroundTextStyle": "light",
   "navigationBarBackgroundColor": "#fff",
   "navigationBarTitleText": "Weixin",
   "navigationBarTextStyle": "black"
  }
```

图4-5　文章详情页面

在上面的配置代码中，可以通过设置"navigationBarTitleText"属性对页面标题的显示内容进行配置。除此之外，还可以通过wx.setNavigationBarTitle(Object object)方法动态设置当前页面的导航栏标题显示内容。

按照需要，当前页面的标题为文章的标题，可以在 post.js 文件中通过重写页面的生命函数 onLoad 方法或 onReady 方法来设置文字标题。在这里选择 onReady 函数调用，其代码示例如下：

```
/**
 * 生命周期函数：监听页面初次渲染完成
 */
onReady: function () {
    // 动态设置导航栏文字
    wx.setNavigationBarTitle({
        title: this.data.post.title,
    })
}
```

保存代码并重新运行，效果与预览效果一致，如图 4-1 所示。

以上已经完成了文章详情页面基础功能的全部内容。

任务 4.2　收藏功能：收藏自己喜欢的文章

4.2.1　任务描述

1. 具体的需求分析

在文章详情页面中，有收藏、点赞、评论文章的功能，这些功能在内容型的应用中非常常见，接下来先实现文章的收藏功能。

文章的收藏功能需要记录以下两个变量值。

(1) collectionStatus：记录文章是否被收藏。

(2) collectionNum：记录文章被收藏的数量。

在真实的项目中，这两个变量一定会受到所有用户取消或收藏操作的影响，但在这里使用本地缓存数据库，因此与真实内容有所区别。对文章收藏功能业务逻辑进行分析，当用户点击文章下的"收藏"按钮，对应的处理方法如下：

(1) 根据当前文章编号在缓存中获取对应的文章对象，并对文章的收藏状态变量(collectionStatus)和收藏数量(collectionNum)进行修改。

(2) 在文章页面视图层对收藏状态和收藏数量进行重新渲染。

(3) 完成收藏/取消收藏文章功能后对用户进行交互反馈。

2. 效果预览

完成本次任务，在文章的详情页面单击"收藏"按钮，应用弹出"收藏"成功提示，如图 4-6 所示。

图 4-6　实现文章收藏功能

4.2.2 任务实施

基于对文章收藏功能的需求分析，接下来，通过示例演示如何一步步实现文章页面中的收藏/取消收藏文章功能，其实现步骤如下：

(1) 完成文章收藏逻辑处理。

首先在 PostDao.js 中完成对文章收藏/取消收藏的逻辑处理，代码示例如下：

```javascript
// 收藏文章
collectPost(postId) {
    // 获得需要处理的文章对象
    let postObj = this.getPostDetailById(postId);
    console.log("postObject 修改之前", postObj);
    let postData = postObj.data;
    if (!postData.collectionStatus) {
        // 如果当前状态是未收藏
        postData.collectionNum++;
        postData.collectionStatus = true;
    } else {
        postData.collectionNum--;
        postData.collectionStatus = false;
    }
    postObj.data = postData;
    console.log("postObject 修改之后", postObj);
    // 更新数据缓存
    this.updateStorage(postObj);
    return postData;
}


// 更新缓存数据库
updateStorage(postObj) {
    let postAllListData = this.getAllPostData();
    postAllListData[postObj.idx] = postObj.data;
    // 重新更新缓存数据
    wx.setStorageSync(this.storageKeyName, postAllListData);
}
```

在处理文章收藏的业务时，首先获得当前修改的文章对象，然后根据收藏状态对文章的收藏状态和收藏数量进行修改，完成后需要重新把修改的文章数据同步到缓存数据库中（如果在真实的环境中需要基于服务器的开发，这里的处理主要是在服务端完成），最后返回当前修改后的文章对象。由于同步缓存本地数据库的内容在后面点赞与评论功能中使用，因此单独写在一个方法中。

(2) 处理用户点击事件和数据绑定。

在 post-detail.js 中处理用户点击事件和页面数据绑定，其示例代码如下：

```
  // 收藏文章
onCollectionTap(event) {
  let newPostData = postDao.collectPost(this.data.post.postId);
  console.log("newPostData:", newPostData);
  // 重新绑定更新部分的数据内容
  this.setData({
    'post.collectionNum': newPostData.collectionNum,
    'post.collectionStatus': newPostData.collectionStatus
  });
},
```

以上代码是用户点击事件处理代码，在这里需要注意的是在进行数据绑定时，仅更新部分的数据内容即可，即 post 对象中的 collectionNum 属性和 collectionStatus 属性，不需要更新整体文章对象。

同时需要在对应的页面文件 post-detail.wxml 中添加页面处理对象，示例如下：

```
<!--文章收藏-->
<view class="tool-item" catchtap="onCollectionTap">
  <image wx:if="{{post.collectionStatus}}" src="/images/icon/wx_app_collected.png" />
  <image wx:else src="/images/icon/wx_app_collect.png" />
  <text>{{post.collectionNum}}</text>
</view>
```

在页面显示处理中，通过 wx:if 与 wx:else 判断显示是否收藏，在这里是通过切换两张图片来实现的。

(3) 完成收藏/取消收藏文章功能的用户交互。

目前，已经完成了文章的收藏与取消收藏，但用户的操作体验并不好，用户需要在收藏和取消收藏后进行提示。

在微信小程序界面交互的 API 中提供处理用户交互的相关问题，查看官方的 API 文档，如图 4-7 所示。

图 4-7　微信界面交互 API

在这里选用 wx.showToast(Object)来指定文章收藏功能的交互反馈，其具体使用如下：

```
// 交互反馈
wx.showToast({
    title: newPostData.collectionStatus ? "收藏成功
        " : "取消成功",
    duration: 1000,
    icon: "success",
    mask: true
})
```

其中，Object 参数的 title 属性用于设置提醒消息的内容，为必填项；duration 属性用于设置提醒自动消失的时间，最长为 10 000 毫秒，默认值为 1500 毫秒；icon 属性用于设置小图标，取值有 success、error、loading、none 4 个；mask 属性用于设置是否显示透明蒙层，防止触摸穿透，主要作用是防止用户连续点击收藏图标。

wx.showToast 的运行效果如图 4-8 所示。

以上就是收藏/取消收藏文章详情页面的全部功能的实现步骤。

图 4-8　wx.showToast 运行效果

任务 4.3　点赞互动：添加点赞功能增强用户参与度

4.3.1　任务描述

1. 具体的需求分析

文章点赞功能的实现思路与文章的收藏功能非常相似，但为了增加用户的交互体验感，一般在文章的点赞功能中添加动画效果。在本任务中将实现文章详情页面的点赞功能，同时添加对应的动画效果。

文章的点赞功能主要记录以下两个变量。

- upStatus：记录文章是否点赞。
- upNum：记录文章被点赞的次数。

和文章收藏功能一样，在实际项目中这个变量也受不同用户的影响，但基于本地缓存数据库仅仅只是一个模拟数据。基于对文章点赞的业务逻辑分析，当用户单击"点赞"按钮时，实现的关键逻辑如下：

（1）根据当前文章编号在缓存中获取对应的文章对象，并对文章的点赞状态变量

(upStatus)和收藏数量(upNum)进行修改。

(2) 对文章页面视图层的点赞状态和点赞数量进行重新渲染。

(3) 完成文章点赞/取消点赞功能后对用户进行交互反馈。

接下来，通过示例演示如何一步步实现文章页面中的文章点赞/取消点赞功能。

图 4-9　文章点赞功能实现效果

2. 效果预览

完成本次任务，在文章的详情页面单击"点赞"按钮，应用弹出"点赞"成功提示，如图 4-9 所示。

4.3.2　任务实施

1. 完成文章点赞功能

基于对文章点赞功能的分析，总结实现其功能的具体步骤如下：

(1) 添加文章点赞逻辑。

与文章的收藏功能一样，首先在 post.js 文件中添加处理文章点赞的方法，代码如下：

```
// 文章点赞
upPost(postId) {

    // 获得需要处理的文章对象
    let postObj = this.getPostDetailById(postId);
    let postData = postObj.data;
    if (!postData.upStatus) {
        postData.upNum++;
        postData.upStatus = true;
    } else {
        postData.upNum--;
        postData.upStatus = false;
    }
    postObj.data = postData;
    // 更新数据缓存
    this.updateStorage(postObj);
    return postData;
}
```

(2) 处理用户点击点赞图标事件和页面数据绑定。

在 post-detail.js 中处理用户点击点赞图标事件和页面数据绑定，其代码如下：

```
// 文章点赞
onUpTap() {
  console.log('onUpTap');
  let newPostData = postDao.upPost(this.data.post.postId);
  this.setData({
    'post.upStatus': newPostData.upStatus,
    'post.upNum': newPostData.upNum
  });
},
```

对应的页面处理代码如下：

```
<view class="tool-item" catchtap="onUpTap">
  <image wx:if="{{post.upStatus}}" src="/images/icon/wx_app_liked.png" />
  <image wx:else src="/images/icon/wx_app_like.png" />
  <text>{{post.upNum}}</text>
</view>
```

保存代码，自动编译运行，文章的点赞功能基本实现。

(3) 实现点赞功能的动画效果。

实现小程序的动画效果的方法有两种：第一种方法是使用 CSS3 的动画；第二种方法是使用小程序中动画的 API 实现。在这里主要介绍如何使用小程序中动画的 API 实现，然后基于文章的点赞功能，介绍如何实现动画效果。

在使用小程序动画前必须先创建一个动画实例，创建动画实例的方法为 wx.createAnimation(object)。该方法的 object 参数会接收一些属性，具体参数如图 4-10 所示。

我们需要在 post-detail.js 中添加一个方法来创建 animation 实例，其代码如下：

```
// 设置动画
setAnimation() {
  // 创建动画实例
  var animationUp = wx.createAnimation({
    transformOrigin: 'ease-in-out' // 设置动画以低速开始和结束
  })
  this.animationUp = animationUp;
},
```

Object object

属性	类型	默认值	必填	说明
duration	number	400	否	动画持续时间，单位 ms
∧ timingFunction	string	'linear'	否	动画的效果

合法值	说明
'linear'	动画从头到尾的速度是相同的
'ease'	动画以低速开始，然后加快，在结束前变慢
'ease-in'	动画以低速开始
'ease-in-out'	动画以低速开始和结束
'ease-out'	动画以低速结束
'step-start'	动画第一帧就跳至结束状态直到结束
'step-end'	动画一直保持开始状态，最后一帧跳到结束状态

属性	类型	默认值	必填	说明
delay	number	0	否	动画延迟时间，单位 ms
transformOrigin	string	'50% 50% 0'	否	

图 4-10　wx.createAnimation 参数属性说明

以上代码定义了一个 setAnimation 方法，接着在 post-detail.js 的 onLoad 方法中使用此方法，代码如下：

```
/**
 * 生命周期函数：监听页面加载
 */
onLoad: function (options) {

  // 获得文章编号
  let postId = options.postId;
  console.log("postId:" + postId);

  this.postDao = new PostDao();
  let postData = this.postDao.getPostDetailById(postId);
  console.log("postData", postData);

  this.setData({
    post: postData.data
  });
```

```
// 创建动画
this.setAnimation();
}
```

请注意，加粗的代码为新添加的代码。

2. 设置动画效果

对于动画可以采用链式的语法同时设置多个动画效果，设置动画可以采用分组的形式，每一个分组可以使用 step()方法分离，例如：

```
animation.scale(2,2).rotate(45).step().translate.step({duration:1000});
```

小程序中提供 6 类动画方法，大体可以分为：常规样式、旋转、缩放、偏移、倾斜、矩阵变形，其具体内容如图 4-11 所示。

图 4-11 为官方提供的关于小程序的动画 API 列表，在这里不一一展示，建议大家根据使用需求去查阅相关文档。

接下来，需要对处理文章点赞的方法添加设置动画的代码，其代码如下：

```
// 文章点赞
onUpTap() {
 console.log('onUpTap');
 let newPostData = this.postDao.upPost(this.data.post.postId);
 this.setData({
  'post.upStatus': newPostData.upStatus,
  'post.upNum': newPostData.upNum
 });

 // 添加动画效果
 // 放大效果
 this.animationUp.scale(2).step();
 this.setData({
  animationUp: this.animationUp.export()
 })
 // 缩小效果
 setTimeout(function () {
  this.animationUp.scale(1).step();
  this.setData({
   animationUp: this.animationUp.export()
  })
 }.bind(this), 300);
}
```

动画
• wx.createAnimation
Animation
Animation.backgroundColor
Animation.bottom
Animation.export
Animation.height
Animation.left
Animation.matrix
Animation.matrix3d
Animation.opacity
Animation.right
Animation.rotate
Animation.rotate3d
Animation.rotateX
Animation.rotateY
Animation.rotateZ
Animation.scale
Animation.scale3d
Animation.scaleX
Animation.scaleY
Animation.scaleZ
Animation.skew
Animation.skewX
Animation.skewY
Animation.step
Animation.top
Animation.translate
Animation.translate3d
Animation.translateX
Animation.translateY
Animation.translateZ
Animation.width

图 4-11 小程序动画 API 列表

以上代码中，我们对动画实例 animationUp 做了两次设置和调用：第一次设置 scale 动画方法让图标先放大，然后调用 step 方法表示这组动画完成，接着调用 export 方法导出动画，并做数据绑定更新，这会使点赞图标放大。第二次设置 scale 方法，让图片恢复原状，同样再次调用 step 和 export 并做数据绑定更新，这会使点赞图标还原。在执行第二次动画方法时，使用 setTimeOut 让缩小动画效果延迟 300 毫秒再执行。

使用 export 方法导出动画，并将导出的动画绑定到 wxml 组件上。既然在代码中使用了数据绑定，就必须在 wxml 中绑定这个动画，这样点赞动画才能正常执行，修改 post-detail.xml 的设置点赞图标的 image 组件代码，代码如下：

```
<view class="tool-item" catchtap="onUpTap">
    <image wx:if="{{post.upStatus}}" src="/images/icon/wx_app_liked.png" animation="{{animationUp}}"/>
    <image wx:else src="/images/icon/wx_app_like.png" animation="{{animationUp}}"/>
    <text>{{post.upNum}}</text>
</view>
```

加粗的代码是新增的代码，作用就是让点赞图标接收动画的数据绑定，需要注意的是需要同时绑定已点赞和未点赞两种状态的图标。

编写完成以上代码，保存并自动编译，点击点赞图标将出现先放大再缩小的动画效果。

在这里需要注意的是，两次动画没有使用动画队列的方式实现，而是通过 setTimeOut 方法来实现的，这是因为在当前的版本中存在一个漏洞，通过 step()分隔动画，只有第一部动画能生效。

保存代码，测试运行，进入文章详情页面，单击点赞图标，效果如图 4-12 所示。

图 4-12　文章点赞功能的效果图

如图 4-12 所示，文章点赞图片换成点赞成功效果，在用户操作过程中有动画效果，再次单击点赞图片，取消文章点赞。以上为文章点赞功能实战的全部步骤。

任务 4.4 评论系统：添加评论功能促进社区互动

4.4.1 任务描述

1. 需求分析

完成文章的收藏与点赞功能之后，本节将继续完成文章的评论功能。文章的评论中不仅包括发表的文字，还包括上传的图片和语音。评论页面将使用一个全新的 post-comment 页面，它属于 post-detail 的子页面。我们将通过单击评论功能按钮跳转到 post-comment 页面。接下来带大家一步步完成评论的功能。

完成文章的评论功能需要涉及微信小程序媒体中图片、音频、照片相关的 API，构建文章评论页面的整体思路主要包括两个部分：

(1) 加载并显示当前文章已经存在的评论。

(2) 实现添加新评论的功能。

这是适用大部分前端功能的一种通用思路，就像在 post-detail 页面中编写点赞、收藏等功能一样，先显示点赞和收藏的数量、状态，再考虑如何实现点赞和收藏的功能。在操作过程中需要实现如下相关页面和功能：

① 在 post-comment.js 中获取并绑定文章评论数据。

② 编写 post-comment 页面的 wxml 和 wxss，显示文章评论数据。

③ 编写添加新评论的功能。

2. 效果预览

文章的评论功能包含文字评论、图片评论和语音评论，在下面的实施步骤中一一呈现预览效果。

4.4.2 任务实施

基于对文章评论功能的需求分析，接下来开始完成文章评论的功能实现，由于文章评论功能涉及的内容比较多，接下来通过十一个部分来完成这个功能，其内容如下：

1. 创建文章评论页面获取并绑定评论数据

为了方便测试功能，需要在 data.js 中添加模拟数据，选择 postId 为 4，标题为《飞驰人生》，在这篇文章下面添加 4 条评论数据(comments)数组，代码如下：

```
comments: [{
  username: '艾薇',
  avatar: '/images/avatar/avatar-3.png',
  create_time: '1484723344',
```

```
  content: {
    txt: ' 春节档期上映的电影有黄渤和沈腾主演的《疯狂的外星人》、星爷的《新喜剧之王》等，我
      选择了去看韩寒导演的《飞驰人生》，果然没有让我失望。',
    img: ["/images/comment/comments-1.jpg", "/images/comment/comments-2.jpg", "/images/comment/
      comments-3.jpg"],
    audio: null
  }
}, {
  username: '蔚来',
  avatar: '/images/avatar/avatar-2.png',
  create_time: '1481018319',
  content: {
    txt: '韩式幽默，第一部《后会无期》大家可能会感觉有些欠火候，但是这次的《飞驰人生》真的
      是春节期间一道不错的佳肴来供我们品尝。',
    img: [],
    audio: null,
  }
},
{
  username: '爱微笑的程序猿',
  avatar: '/images/avatar/avatar-1.png',
  create_time: '1484496000',
  content: {
    txt: '对于赛车迷而言，《飞驰人生》绝对是一部看着又爽又好笑的满分电影，但是对于许多非赛
      车领域的车迷而言，里面的有些汽车知识就显得有些过于硬核。',
    img: ["/images/comment/comments-4.jpg" ],
    audio: null,
  }
},
{
  username: '林白',
  avatar: '/images/avatar/avatar-4.png',
  create_time: '1484582400',
  content: {
    txt: '',
    img: [],
    audio: {
      url: "http://123",
      timeLen: 8
    },
  }
}
]
```

文章评论的数据结构具体包含如下内容：

(1) username：评论用户。

(2) avatar：评论图像路径。

(3) create_time：评论时间。

(4) content：评论内容，其中包括文字(txt)、图片(img)、语音(audio)。

首先，在 pages 目录添加评论页面 post-comment，在 post-detail 中添加从文章详情页面跳转到文章评论页面的代码，代码如下：

```
// 文章评论
onCommentTap(event){
  const id = event.currentTarget.dataset.postId;
  console.log('onCommentTap',id);
  wx.navigateTo({
    url: '../post-comment/post-comment?id=' + id
  })
},
```

上面的代码中需要注意的是从文章详情页面 post-detail 跳转到文章评论需要携带当前的 id 编号并跳转到 post-comment 页面。

基于前面的思路分析，我们需要从缓存数据库中读取评论数据并将数据绑定到框架中，修改 PostDao.js 文件添加一个读取文章评论的代码，代码如下：

```
// 获取文章的评论数据
getCommentData(postId){
  var commentData = this.getPostDetailById(postId).data;
  // 按照时间降序排列评论
  commentData.comments.sort(this.compareWithTime);
  var len = commentData.comments.length;
  var comment;
  for(let i = 0; i < len;i++){
    comment = commentData.comments[i];
    comment.create_time = util.getDiffTime(comment.create_time,true);
  }
  return commentData.comments;
}
```

为了按照时间降序显示评论时间，需要添加评论排序的代码，代码如下：

```
// 用户文章排序，对时间进行比较
compareWithTime(value1, value2) {
  var flag = parseFloat(value1.create_time) - parseFloat(value2.create_time);
  if (flag < 0) {
    return 1;
  } else if (flag > 0) {
    return -1;
  } else {
    return 0;
  }
}
```

同时对显示的时间进行格式化处理，需要调用 util 模块下的 getDiffTime 方法。在此项目中，把一些常用的基础处理模块化到 util(工具包)，这样的设计在实际开发中使用得非常多。我们将根据具体内容，给大家展示对应的代码。当前时间格式化的代码如下：

```
/*
 *根据客户端的时间信息得到发表评论的时间格式
 *多少分钟前，多少小时前，然后是昨天，接下来是月、日
 * Para :
 * recordTime - {float} 时间戳
 * yearsFlag -{bool} 是否要年份
 */
function getDiffTime(recordTime,yearsFlag) {
 if (recordTime) {
   recordTime=new Date(parseFloat(recordTime)*1000);
   var minute = 1000 * 60,
     hour = minute * 60,
     day = hour * 24,
     now=new Date(),
     diff = now -recordTime;
   var result = '';
   if (diff < 0) {
     return result;
   }
   var weekR = diff / (7 * day);
   var dayC = diff / day;
   var hourC = diff / hour;
   var minC = diff / minute;
   if (weekR >= 1) {
     var formate='MM-dd hh:mm';
     if(yearsFlag){
       formate='yyyy-MM-dd hh:mm';
     }
     return recordTime.format(formate);
   }
   else if (dayC == 1 ||(hourC <24 && recordTime.getDate()!=now.getDate())) {
     result = '昨天'+recordTime.format('hh:mm');
     return result;
   }
   else if (dayC > 1) {
     var formate='MM-dd hh:mm';
     if(yearsFlag){
       formate='yyyy-MM-dd hh:mm';
     }
     return recordTime.format(formate);
   }
   else if (hourC >= 1) {
     result = parseInt(hourC) + '小时前';
```

```
            return result;
        }
        else if (minC >= 1) {
            result = parseInt(minC) + '分钟前';
            return result;
        } else {
            result = '刚刚';
            return result;
        }
    }
    return '';
}
```

上面的代码中，我们使用了 format 方法。需要在 util 模块中添加此方法，此方法就是要在.js 的 Date 对象添加一个 format 方法，因此需要在 Date 的原型链上添加，具体代码如下：

```
/*
*拓展 Date 方法，得到格式化的日期形式
*date.format('yyyy-MM-dd')，date.format('yyyy/MM/dd'),date.format('yyyy.MM.dd')
*date.format('dd.MM.yy'), date.format('yyyy.dd.MM'), date.format('yyyy-MM-dd HH:mm')
*使用方法如下：
*               var date = new Date();
*               var todayFormat = date.format('yyyy-MM-dd'); //结果为 2015-2-3
*Parameters:
*format - {string} 目标格式 类似('yyyy-MM-dd')
*Returns - {string} 格式化后的日期 2015-2-3
*
*/
(function initTimeFormat(){
  Date.prototype.format = function (format) {
    var o = {
       "M+": this.getMonth() + 1, //month
       "d+": this.getDate(), //day
       "h+": this.getHours(), //hour
       "m+": this.getMinutes(), //minute
       "s+": this.getSeconds(), //second
       "q+": Math.floor((this.getMonth() + 3) / 3), //quarter
       "S": this.getMilliseconds() //millisecond
    }
    if (/(y+)/.test(format)) format = format.replace(RegExp.$1,
       (this.getFullYear() + "").substr(4 - RegExp.$1.length));
    for (var k in o) if (new RegExp("(" + k + ")").test(format))
       format = format.replace(RegExp.$1,
          RegExp.$1.length == 1 ? o[k] :
             ("00" + o[k]).substr(("" + o[k]).length));
    return format;
  };
})()
```

对于这段代码，如果大家无法理解就不要深入研究了，只需要知道它的功能及如何使用就可以了。最后，在 util.js 的末尾添加导出模块的代码：

```
module.exports = {
    getDiffTime: getDiffTime
}
```

编写完读取文章评论的代码，接下来需要在 post-comment.js 中调用，代码如下：

```
/**
 * 生命周期函数：监听页面加载
 */
onLoad: function (options) {

    var postId = options.id;
    this.data._postId = postId;
    this.postDao = new PostDao();
    var comments = this.postDao.getCommentData(postId);
    console.log(comments);
    // 文章评论数据绑定
    this.setData({
        comments: comments
    });
},
```

现在，利用 post-comment.js 的 onLoad 方法获取文章评论数据，并绑定到 comments 变量中。保存代码，自动编译运行。需要注意的是，仅仅在指定的《飞驰人生》设置了评论数据，因此进入对应文章的详情页面，单击评论图标，在控制台查看数据是否正常加载，如图 4-13 所示。

图 4-13 控制台 AppData 文章评论数据

2. 完成显示文章评论的内容

需要编写 post-comment 页面的 wxml 和 wxss 文件来显示文章评论数据，显示评论数据的 wxml 代码如下：

```
<view class="comment-detail-box">
 <view class="comment-main-box">
  <view class="comment-title">评论………(共{{comments.length}}条)</view>
  <block wx:for="{{comments}}" wx:for-item="item" wx:for-index="idx" wx:key="idx">
   <view class="comment-item">
    <!--评论者信息-->
    <view class="comment-item-header">
     <view class="left-img">
      <image src="{{item.avatar}}"></image>
     </view>
     <view class="right-user">
      <text class="user-name">{{item.username}}</text>
     </view>
    </view>
    <!--评论文字内容-->
    <view class="comment-body">
     <view class="comment-txt" wx:if="{{item.content.txt}}">
      <text>{{item.content.txt}}</text>
     </view>
     <!--语音评论-->
     <view class="comment-voice" wx:if="{{item.content.audio && item.content.audio.url}}">
      <view data-url="{{item.content.audio.url}}" class="comment-voice-item" catchtap="playAudio">
       <image src="/images/icon/wx_app_voice.png" class="voice-play"></image>
       <text>{{item.content.audio.timeLen}}"</text>
      </view>
     </view>
     <!--图片评论-->
     <view class="comment-img" wx:if="{{item.content.img.length!=0}}">
      <block wx:for="{{item.content.img}}" wx:for-item="img" wx:for-index="imgIdx" wx:key="imgIdx">
       <image src="{{img}}"  data-comment-idx="{{idx}}" data-img-idx="{{imgIdx}}"></image>
      </block>
     </view>
    </view>
    <!--评论时间-->
    <view class="comment-time">{{item.create_time}}</view>
   </view>
  </block>
 </view>
</view>
```

代码中涉及的知识点在前面的章节中已经讲过。需要注意的是，对于评论的文字内容、语音内容、图片内容按照不同类型进行了分类显示。

post-comment 的 wxml 编写完成，接下来需要添加评论页面的样式内容，代码如下：

```
.comment-detail-box {
 position: absolute;
 top: 0;
 left: 0;
 bottom: 0;
 right: 0;
 overflow-y: hidden;
}

.comment-main-box {
 position: absolute;
 top: 0;
 left: 0;
 bottom: 100rpx;
 right: 0;
 overflow-y: auto;
 -webkit-overflow-scrolling:touch;
}

.comment-item {
 margin: 20rpx 0 20rpx 24rpx;
 padding: 24rpx 24rpx 24rpx 0;
 border-bottom: 1rpx solid #f2e7e1;
}

.comment-item:last-child {
 border-bottom: none;
}

.comment-title {
 height: 60rpx;
 line-height: 60rpx;
 font-size: 28rpx;
 color: #212121;
 border-bottom: 1px solid #ccc;
 margin-left: 24rpx;
 padding: 8rpx 0;
 font-family: Microsoft YaHei;
}

.comment-item-header {
 display: flex;
 flex-direction: row;
 align-items: center;
}
```

```
.comment-item-header .left-img image {
  height: 80rpx;
  width: 80rpx;
}

.comment-item-header .right-user {
  margin-left: 30rpx;
  line-height: 80rpx;
}

.comment-item-header .right-user text {
  font-size: 26rpx;
  color: #212121;
}

.comment-body {
  font-size: 26rpx;
  line-height: 26rpx;
  color: #666;
  padding: 10rpx 0;
}

.comment-txt text {
  line-height: 50rpx;
}

.comment-img {
  margin: 10rpx 0;
}

.comment-img image {
  max-width: 32%;
  margin-right: 10rpx;
  height: 220rpx;
  width: 220rpx;
}

.comment-voice-item {
  display: flex;
  flex-direction: row;
  align-items: center;
  width: 200rpx;
  height: 64rpx;
  border: 1px solid #ccc;
  background-color: #fff;
  border-radius: 6rpx;
}
```

```
.comment-voice-item .voice-play {
  height: 64rpx;
  width: 64rpx;
}

.comment-voice-item text {
  margin-left: 60rpx;
  color: #212121;
  font-size: 22rpx;
}

.comment-time {
  margin-top: 10rpx;
  color: #ccc;
  font-size: 24rpx;
}
```

图 4-14　文章评论实现效果

以上代码中，用到了 CSS 的定位属性 position: absolute，这是为后面编写新增评论的功能准备的。保存代码，自动编译并运行 post-comment，显示如图 4-14 所示的效果。

3. 实现图片预览

在文章的评论列表中，所有的图片都以固定的大小显示，并对 image 的 mode 设置了 aspectFill 的缩放模式，接下来将添加图片预览功能。

微信小程序已经为图片预览提供对应的 API：

wx.previewImage(Object)

其参数具体使用方法如图 4-15 所示。

Object object					
属性	类型	默认值	必填	说明	最低版本
urls	Array.<string>		是	需要预览的图片链接列表。2.2.3 起支持云文件ID。	
showmenu	boolean	true	否	是否显示长按菜单。	2.13.0
current	string	urls 的第一张	否	当前显示图片的链接	
referrerPolicy	string	no-referrer	否	origin: 发送完整的referrer; no-referrer: 不发送。格式固定为 https://servicewechat.com/{appid}/{version}/page-frame.html，其中 {appid} 为小程序的 appid，{version} 为小程序的版本号，版本号为 0 表示为开发版、体验版以及审核版本，版本号为 devtools 表示为开发者工具，其余为正式版本;	2.13.0
success	function		否	接口调用成功的回调函数	
fail	function		否	接口调用失败的回调函数	
complete	function		否	接口调用结束的回调函数（调用成功、失败都会执行）	

图 4-15　previewImage 方法 Object 参数官方说明

具体实现时需要两步：

(1) 在 post-comment.wxml 中的图片评论的 class="comment-img"组件绑定 previewImg 处理方法，代码如下：

```
<view class="comment-img" wx:if="{{item.content.img.length!=0}}">
  <block wx:for="{{item.content.img}}" wx:for-item="img" wx:for-index="imgIdx">
    <image src="{{img}}" mode="aspectFill" catchtap="previewImg" data-comment-idx="{{idx}}"
    data-img-idx="{{imgIdx}}"></image>
  </block>
</view>
```

评论图片是一组图片，因此在页面最后渲染时，会为每张图片添加预览图片的方法，同时使用 dataset 的方式为每张图片添加表述 imgIdx，这里使用 for 渲染的索引值。

(2) 在 post-comment.js 中实现图片预览方法 previewImg，具体代码如下：

```
// 图片预览
previewImg(event) {
  // 获得评论序号
  let commentIdx = event.currentTarget.dataset.commentIdx;
  let imgIdx = event.currentTarget.dataset.imgIdx;
  // 获得评论的全部图片
  let images = this.data.comments[commentIdx].content.img;
  // 使用微信预览 API
  wx.previewImage({
    current: images[imgIdx],
    urls: images
  })
},
```

保存代码，自动编译并运行。本地文件无法在模拟器中预览，此时可以使用真机测试，直至预览正常。

4. 完成提交评论界面

完成文章评论的基本显示后，接下来实现提交一条文本类型的评论。由于提交评论页面需要处理提交文字评论、语音评论和图片评论，首先处理点击提交功能区最左侧的声音图片将由发送文本切换到发送语音，点击右边的加号图标将可以选择图片和照片。

在 post-comment.wxml 文件中新增一段代码，以显示评论区域，其代码如下：

```
<!--发布评论输入-->
<view class="input-box">
  <view class="send-msg-box">
    <!-- 语音评论输入 -->
    <view hidden="{{useKeyboardFlag}}" class="input-item">
      <image src="/images/icon/wx_app_keyboard.png" class="comment-icon keyboard-icon" catchtap="
                switchInputType"></image>
      <input class="input speak-input {{recodingClass}}" value="按住 说话"
disabled="disabled" catchtouchstart="recordStart" catchtouchend="recordEnd" />
```

```
    </view>
    <!--文字评论输入-->
    <view hidden="{{!useKeyboardFlag}}" class="input-item">
      <image class="comment-icon speak-icon" src="/images/icon/wx_app_speak.png"
      catchtap="switchInputType"></image>
      <input class="input keyboard-input" value="{{keyboardInputValue}}"
      bindconfirm="submitComment" bindinput="bindCommentInput" placeholder="说点什么吧……" />
    </view>
    <!--发布图片-->
    <image class="comment-icon add-icon" src="/images/icon/wx_app_add.png" catchtap="sendMoreMsg
    "></image>
    <view class="submit-btn" catchtap="submitComment">发送</view>
  </view>
</view>
```

在上面的代码中，我们在语音评论输入和文字评论输入的 view 组件中使用 hidden 属性，这里主要控制组件是否显示与 wx.if 一样的使用效果，相比之下 hidden 简单多了，组件最终是否显示，只是简单控制显示与隐藏。在实际开发中，如果显示逻辑比较复杂，则推荐使用 wx.if；如果比较简单，则推荐使用 hidden 属性进行控制。

同时，在这里使用了一个新组件——input。input 组件使用比较简单，与 HTML 的表单 input 很相似，具体的内容可以参考官方文档，网址为 https://developers.weixin.qq.com/miniprogram/dev/component/input.html。

同时在 post-comment 页面的样式文件 post-comment.wxss 中添加样式代码，代码如下：

```
/******************评论框*********************/
.input-box{
 position: absolute;
 bottom: 0;
 left:0;
 right: 0;
 background-color: #EAE8E8;
 border-top:1rpx solid #D5D5D5;
 min-height: 100rpx;
 z-index: 1000;
}
.input-box .send-msg-box{
 width: 100%;
 height: 100%;
 display: flex;
 padding: 20rpx 0;
}
.input-box .send-more-box{
 margin: 20rpx 35rpx 35rpx 35rpx;
}
.input-box .input-item{
 margin:0 5rpx;
```

```
  flex:1;
  width: 0%;
  position: relative;
}
.input-box .input-item .comment-icon{
  position: absolute;
  left:5rpx;
  top:6rpx;
}

.input-box .input-item .input{
  border: 1rpx solid #D5D5D5;
  background-color: #fff;
  border-radius: 3px;
  line-height: 65rpx;
  margin:5rpx 0 5rpx 75rpx ;
  font-size: 24rpx;
  color: #838383;
  padding: 0 2%;
}
.input-box .input-item .keyboard-input{
  width: auto;
  max-height: 500rpx;
  height: 65rpx;
  word-break:break-all;
  overflow:auto;
}
.input-box .input-item .speak-input{
  text-align: center;
  color: #212121;
  height: 65rpx;
}

.input-box .input-item .recoding{
  background-color: #ccc;
}

.input-box .input-item .comment-icon.speak-icon{
  height: 62rpx;
  width: 62rpx;
}
.input-box .input-item .comment-icon.keyboard-icon{
  height: 60rpx;
  width: 60rpx;
  left:6rpx;
}
.input-box .add-icon{
```

```
        margin:0 5rpx;
        height: 65rpx;
        width: 65rpx;
        transform: scale(0.9);
        margin-top: 2px;
    }
    .input-box .submit-btn{
        font-size: 24rpx;
        margin-top: 5rpx;
        margin-right: 8rpx;
        line-height: 60rpx;
        width: 120rpx;
        height: 60rpx;
        background-color: #4A6141;
        border-radius:5rpx;
        color: #fff;
        text-align: center;
        font-family:Microsoft Yahei;
    }

    .send-more-box .more-btn-item{
        display: inline-block;
        width: 110rpx;
        height: 145rpx;
        margin-right: 35rpx;
        text-align: center;
    }

    .more-btn-main{
        width: 100%;
        height:60rpx;
        text-align: center;
        border:1px solid #D5D5D5;
        border-radius: 10rpx;
        background-color: #fbfbfc;
        margin: 0 auto;
        padding:25rpx 0
    }
    .more-btn-main image{
        width: 60rpx;
        height: 60rpx;
    }
    .send-more-box .more-btn-item .btn-txt{
        color: #888888;
        font-size: 24rpx;
        margin:10rpx 0;
    }
```

```
.send-more-result-main{
 margin-top: 30rpx;
}
.send-more-result-main .file-box{
 margin-right: 14rpx;
 height: 160rpx;
 width: 160rpx;
 position: relative;
 display: inline-block;
}

.send-more-result-main .file-box.deleting{
 animation:deleting 0.5s ease;
 animation-fill-mode: forwards;
}

@keyframes deleting {
 0%{
   transform: scale(1);
 }
 100%{
   transform: scale(0);
 }
}

.send-more-result-main image{
 height: 100%;
 width: 100%;
}
.send-more-result-main .remove-icon{
 position: absolute;
 right: 5rpx;
 top: 5rpx;
}

.send-more-result-main .file-box .img-box {
 height: 100%;
 width: 100%;
}
```

需要注意的是，上面的样式代码目前并未全部用到，但在后续会用到。

保存代码，自动编译并运行，效果如图 4-16 所示。

图 4-16　完成提交评论区域的效果图

5. 实现文字评论框和语音框的切换

完成页面的框架和样式，接下来编写页面的逻辑。首先实现"按住说话"和"说点什么吧"这两个组件的切换效果。在这里使用控制变量 useKeyboardFlag 进行控制，首先控制 post-comment.js 的 data 初始变量，代码如下：

```
/**
 * 页面的初始数据
 */
data: {
 // 语音输入与键盘输入标识
 useKeyboardFlag: true,
},
```

初始化 useKeyboardFlag 的值为 true，表示默认显示键盘类的输入方式。

接下来编写切换逻辑，实现用 switchInputType 方法切换 useKeyboardFlag 这个控制变量，其代码如下：

```
// 语音输入和键盘输入切换
switchInputType(event) {
 this.setData({
  useKeyboardFlag: !this.data.useKeyboardFlag
 });
},
```

上面示例代码的逻辑就是把 useKeyboardFlag 变量值取反然后赋值给 this.useKeyboardFlag，这样就可以实现语音输入与键盘输入的切换，保存代码，效果如图 4-17 所示。

图 4-17　键盘输入方式

单击评论框最左侧的小图片可以实现语音评论和文字评论的相互切换，切换后的效果如图 4-18 所示。

图 4-18　语音输入方式

以上就是切换键盘输入方式和语音输入方式的步骤。

6. 实现文字评论

文章的文字评论是先输入文字内容，然后单击"发送"按钮就可以完成文字评论的发送，在这里需要通过 submitComment 方法进行处理，大致分为以下 5 个步骤：

(1) 获取用户输入的评论内容，并保存到 this.data 临时变量中。

(2) 将新发布的文字评论保存到缓存数据库中，以便下次打开评论页面显示新的文字评论内容。

(3) 完成评论，提示用户评论发布成功。

(4) 将当前发布的评论添加到页面的评论列表中。

(5) 清空 input 组件，准备接收下一条评论。

具体实现步骤如下：

(1) 通过 input 组件获取用户输入的文字内容。

为了保存用户输入的文字内容，首先在 post-comment.js 中的 data 中添加对应的变量，代码如下：

```
/**
 * 页面的初始数据
 */
data: {
// 语音输入与键盘输入标识
useKeyboardFlag: true,
_postId: '',
// 评论
comments: [],
// 语音输入与键盘输入标识
useKeyboardFlag: true,
},
```

注意加粗的代码为新添加的代码，在此基础上添加处理 input 组件 bindinput 事件的函数，此函数的功能是获取用户输入的内容，代码如下：

```
// 获取用户输入的内容
bindCommentInput(event) {
  let val = event.detail.value;
  console.log('bindCommentInput', val);
  this.data.keyboardInputValue = val;
  // return val + "+";
  return val.replace(/qq/g, "*");
},
```

同时在 post-comment.wxml 文件中绑定对应的处理函数，代码如下：

```
<view hidden="{{!useKeyboardFlag}}" class="input-item">
  <image class="comment-icon speak-icon" src="/images/icon/wx_app_speak.png"
  catchtap="switchInputType"></image>
  <input class="input keyboard-input" value="{{keyboardInputValue}}"
  bindconfirm="submitComment" bindinput="bindCommentInput" placeholder="说点什么吧……" />
</view>
```

注意加粗的代码为新添加的代码。

(2) 添加保存新评论的操作逻辑。

在 PostDao.js 文件中添加保存新评论的操作方法 saveComment，代码如下：

```
// 添加新评论
saveComment(postId,newComment){

  let postItem = this.getPostDetailById(postId);
  let postIndex = postItem.idx;
  let postData = postItem.data;
  let postAllListData = this.getAllPostData();

  // 添加新的评论
  postData.comments.push(newComment);
  // 评论数量增加 1
  postData.commentNum++;
  // 更新评论内容
  postAllListData[postIndex] = postData;
  // 更新缓存数据库内容
  wx.setStorageSync(this.storageKeyName, postAllListData);
}
```

(3) 完成评论，提示用户评论发布成功。

在 post-comment.js 中添加 showCommitSuccessToast 方法，处理评论完成的用户提示，代码如下：

```
// 评论成功反馈
showCommitSuccessToast() {
  wx.showToast({
    title: '评论成功',
```

```
      duration: 1000,
      icon: "success"
    })
  },
```

(4) 显示新添加的评论到列表。

将新添加的评论添加到页面的评论列表中进行显示，在 post-comment.js 的 Page 方法中新添加 bindCommentData 方法，代码如下：

```
// 重新绑定评论数据
bindCommentData() {
  let postId = this.data._postId;
  let comments = this.postDao.getCommentData(postId);
  // 绑定评论
  this.setData({
    comments
  });
},
```

(5) 重置输入框。

清空 input 组件，准备接收下一条评论，清空 input 组件很简单，将 input 的 value 的属性设置为空字符串即可。在 post-comment.js 的 Page 方法中添加如下代码：

```
// 清空评论输入框，同时初始化输入的状态
resetAllDefaultStatus() {
  this.setData({
    keyboardInputValue: ',
  });
},
```

(6) 完成提交评论处理逻辑封装。

最后需要在 submitComment 方法中封装起来，完成文字评论的发布，在 post-comment.js 的 Page 方法中添加如下代码：

```
// 提交评论
submitComment(event) {
  // 获得图片信息
  var imgs = this.data.chooseFiles;
  var newData = {
    username: "爱微笑的程序猿",
    avatar: "/images/avatar/avatar-1.png",
    create_time: new Date().getTime() / 1000,
    // 评论内容
    content: {
      txt: this.data.keyboardInputValue,
      img: imgs
    }
```

```
        }
        // 保存新评论到缓存数据库中
        let postId = this.data._postId;
        this.postDao.saveComment(postId, newData);
        // 反馈操作结果
        this.showCommitSuccessToast();

        // 重新绑定评论数据
        this.bindCommentData();
        // 清空评论输入框的内容，同时初始化输入的状态
        this.resetAllDefaultStatus();

    },
```

图 4-19   发布文字评论的效果

注意，在 newData 中硬编码了当前用户的用户名和图片，在实际开发中应该获得当前授权用户的信息。

保存代码，运行后在文本框输入"新评论测试数据"，单击"发送"按钮后，界面如图 4-19 所示。

到目前为止，已经实现了用自定义发送按钮发送文字评论的功能。接下来实现在模拟器中按回车键发送评论，其与在真机中单击"发送"按钮发送评论的功能一致。只需要在 input 组件绑定对应的 bindconfirm 事件即可，其代码如下：

```
<input class="input keyboard-input" value="{{keyboardInputValue}}" bindconfirm="submitComment"
bindinput="bindCommentInput" placeholder="说点什么吧……" />
```

加粗的代码为新添加的代码，需要注意的是 input 组件 bindconfirm 的绑定事件函数，不能写成 bindbindconfirm。

7. 实现图片与照片的选择

接着实现图片与照片的评论界面。先来实现以下效果：当用户单击"+"按钮后，出现选择图片或拍照的界面。

在 post-comment.wxml 中添加显示图片与拍照界面的框架代码，代码如下：

```
<view class="send-more-box" hidden="{{!sendMoreMsgFlag}}">
    <!--选择图片和拍照的按钮-->
    <view class="send-more-btns-main">
      <view class="more-btn-item" catchtap="chooseImage" data-category="album">
        <view class="more-btn-main">
          <image src="/images/icon/wx_app_upload_image.png"></image>
        </view>
        <text>照片</text>
      </view>
```

```
            <view class="more-btn-item" catchtap="chooseImage" data-category="camera">
              <view class="more-btn-main">
                <image src="/images/icon/wx_app_camera.png"></image>
              </view>
              <text>拍照</text>
            </view>
          </view>
          <!--显示选择的图片-->
          <view class="send-more-result-main" hidden="{{chooseFiles.length==0}}">
            <block wx:for="{{chooseFiles}}" wx:for-index="idx">
              <!--如果删除其中一个，则对其添加 deleting 样式；-->
              <view class="file-box {{deleteIndex==idx?'deleting':''}}">
                <view class="img-box">
                  <image src="{{item}}" mode="aspectFill"></image>
                  <icon class="remove-icon" type="cancel" size="23" color="#B2B2B2" catchtap="deleteImage"
                  data-idx="{{idx}}" />
                </view>
              </view>
            </block>
          </view>
        </view>
```

上面的代码中，使用 sendMoreMsgFlag 变量控制整体面板的显示和隐藏。默认状态下它是隐藏的，所以首先在 post-comment.js 的 Page 方法 data 属性下设置 sendMoreMsgFlag 的初始状态为 false，其代码如下：

```
data: {
  _postId: '',
  // 评论
  comments: [],
  // 语音输入与键盘输入标识
  useKeyboardFlag: true,
  // 评论输入框内容
  keyboardInputValue: '',
  // 控制是否显示图片选择面板
  sendMoreMsgFlag: false,
},
```

加粗的代码为新添加代码，接下来实现用户单击"+"按钮绑定的 sendMoreMsg 方法，它将切换 sendMoreMsgFlag 变量的值，以实现面板的切换和隐藏，其代码如下：

```
// 显示选择更多(照片与拍照)等按钮
sendMoreMsg() {
  this.setData({
    sendMoreMsgFlag: !this.data.sendMoreMsgFlag
  });
},
```

保存并运行代码，再次单击"+"按钮，拍照面板将动态地显示或隐藏，如图 4-20 所示。

图 4-20　出现照片与拍照界面

完成界面的功能后，接下来实现从相册选择照片与拍照的功能。在这里需要使用微信小程序提供的 API：chooseMedia(Object)来实现这个功能，其 Object 参数的重要参数如下：

- count：类型为 number，表示最大选择文件的个数，默认值为 9。
- mediaType：类型为 Array.<string>，表示文件类型，默认值为['image', 'video']。
- sourceType：类型为 Array.<string>，表示图片和视频选择的来源，默认值为['album', 'camera']。
- success：类型为 function，表示接口调用成功的回调函数。

需要注意的是，在微信小程序中实现图片选择，微信官方也提供了 wx.chooseImage(Object object)的 API，但从基础库 2.21.0 开始，本接口停止维护，官方推荐使用 wx.chooseMedia(Object)来代替，具体的使用方法请参考官方文档资料。

了解了 chooseMedia 的基本使用方法之后，需要在 data 变量添加一个数组，保存已经选择图片的 URL，代码如下：

```
data: {
// 语音输入与键盘输入标识
useKeyboardFlag: true,
_postId: '',
// 评论
comments: [],
// 语音输入与键盘输入标识
useKeyboardFlag: true,
// 控制是否显示图片选择面板
sendMoreMsgFlag: false,
// 保存已经选择的图片
chooseFiles: [],
},
```

在页面代码中，分别在"照片"和"拍照"这两个图片按钮上注册了同一个事件：chooseImage 事件，单击这两个图片按钮后执行此方法。在 post-comment.js 中添加事件方法，代码如下：

```
// 选择本地照片与拍照
chooseImage(event) {
// 已选择图片数组
var imageArr = this.data.chooseFiles;
// 只能上传 3 张照片，包括拍照
```

```
        var leftCount = 3 - imageArr.length;
        if (leftCount < 0) {
         return;
        }
        // 使用 wxwx.chooseMedia()方法实现
        wx.chooseMedia({
         count: leftCount,
         sourceType: sourceType,
         success: (res) => {
          console.log('res', res);
          for (let i = 0; i < res.tempFiles.length; i++) {
           let tempFileobj = res.tempFiles[i]
           imageArr.push(tempFileobj.tempFilePath)
          }
          this.setData({
           chooseFiles: imageArr
          })
         }
        })

       },
```

注意在 success 回调方法中，有一个 res 参数，在 res 参数中有一个 tempFiles 属性，保存用户选择图片的对象数组，通过这个数组的 tempFilePath 属性获得所选图片的本地路径。获得图片的路径后，就可以将这些图片地址添加进 imageArr 中，并将 imageArr 绑定到 chooseFiles 数组变量中。一旦 chooseFiles 变量被绑定了数据，wxml 代码中的<block wx:for=" {{chooseFiles}}" wx:for-index="idx">将循环显示这些图片。

保存代码并运行测试，效果如图 4-21 所示。

图 4-21　评论选择照片的运行效果

需要注意的是，在模拟器上进行测试拍照时，选择照片的方式与直接选择照片的方式一样，需要在真机上进行测试。

8. 删除已经选择的图片

选择图片后，有时还需要删除图片，所以还需要实现删除图片的功能。

删除功能是通过单击图片右上角的 icon 图片实现的。实现此功能首先需要在每张图片上添加删除的图标，这里使用小程序 icon 图片组件，其组件有三个属性，具体如下。

- type：类型为 string，表示 icon 的类型，有效值为 success、success_no_circle、info、warn、waiting、cancel、download、search、clear。
- size：类型为 number/string，表示 icon 的大小，单位默认为 px。2.4.0 版起支持传入单位 rpx/px，2.21.3 版起支持传入其余单位(rem 等)。
- color：类型为 string，表示 icon 的颜色，同 CSS 的 color 1.0.0。

在页面中使用 icon 组件，为每张图片添加删除的图标，其代码如下：

```
<view class="img-box">
  <image src="{{item}}" mode="aspectFill"></image>
  <icon class="remove-icon" type="cancel" size="23" color="#B2B2B2" catchtap="deleteImage"
  data-idx="{{idx}}" />
</view>
```

接下来需要为删除图标注册删除图片的方法，在 post-comment.js 中添加删除图片的方法 deleteImage，具体代码如下：

```
// 删除图片
deleteImage(event) {
  let index = event.currentTarget.dataset.idx;
  this.setData({
    deleteIndex: index
  });
  this.data.chooseFiles.splice(index, 1);
  this.setData({
    chooseFiles: this.data.chooseFiles
  });
}
```

为了获得更好的使用体验，还可以为当前的删除功能添加一个动画效果。文章的点赞功能使用微信的 API 实现动画的效果，但这里使用 CSS3 动画来实现，在 post-comment.wxss 样式文件中添加以下代码：

```
/* 删除图片的 CSS3 动画 */
.send-more-result-main .file-box.deleting{
  animation:deleting 0.5s ease;
  animation-fill-mode: forwards;
}

@keyframes deleting {
  0%{
    transform: scale(1);
  }
  100%{
    transform: scale(0);
  }
}
```

在组件绑定对应的动画样式，代码如下：

```
<!--如果删除其中一个，则对其添加 deleting 样式；-->
<view class="file-box {{deleteIndex==idx?'deleting':''}}">
```

修改 post-comment.js 中的 deleteImage 方法，以支持 CSS3 动画效果，代码如下：

```
// 删除图片
deleteImage(event) {

  let index = event.currentTarget.dataset.idx;
  this.setData({
    deleteIndex: index
  });
  this.data.chooseFiles.splice(index, 1);
  setTimeout(() => {
    this.setData({
      deleteIndex: -1,
      chooseFiles: this.data.chooseFiles
    })
  }, 500);
},
```

在新代码中，使用一个 deleteIndex 变量，表示被删除的图片序号，默认值为-1，表示当前没有删除图片。代码如下：

```
data: {
// 语音输入与键盘输入标识
useKeyboardFlag: true,
_postId: '',
// 评论
comments: [],
// 语音输入与键盘输入标识
useKeyboardFlag: true,
// 控制是否显示图片选择面板
sendMoreMsgFlag: false,
// 保存已经选择的图片
chooseFiles: [],
// 被删除的图片序号
deleteIndex: -1,
}
```

在删除图片时首先使用 this.setData 防止更新 deleteIndex 变量值，为便于当前删除图片，并立即执行数据绑定，使得被删除的图片立即添加一个 deleting 动画。动画执行时间为 500 毫秒，所以我们使用函数延迟 500 毫秒后再实际删除这张图片。

保存代码，并运行测试，单击图片右上角的删除图片，发现图片被成功删除，同时伴随一个删除的动画效果，以上就是实现图片删除的全部内容。

9. 实现图片评论的发送

在前面已经实现了图片的选择和删除功能，接下来实现发送图片评论的功能。基本的思路与发送文字的思路一样，只需要将当前的 this.data.chooseFiles 所保存的图片地址存入数据库，并重新渲染评论列表即可。

首先，在 post-comment.js 中修改 submitComment 方法，在原来的基础上添加关于图片发送的内容，代码如下：

```
// 提交评论
submitComment(event) {
  // 获得图片信息
  var imgs = this.data.chooseFiles;
  var newData = {
    username: "爱微笑的程序猿",
    avatar: "/images/avatar/avatar-1.png",
    create_time: new Date().getTime() / 1000,
    // 评论内容
    content: {
      txt: this.data.keyboardInputValue,
      img: imgs
    }
  }
  if (!newData.content.txt && imgs.length === 0) {
    // 如果没有评论内容，就不执行
    return;
  }
  // 保存新评论到缓存数据库中
  let postId = this.data._postId;
  this.postDao.saveComment(postId, newData);
  // 反馈操作结果
  this.showCommitSuccessToast();

  // 重新绑定评论数据
  this.bindCommentData();
  // 清空评论输入框内容，同时初始化输入的状态
  this.resetAllDefaultStatus();
},
```

加粗的代码为新添加的代码，修改内容后先获取图片信息，然后赋值到评论内容对象 content 中，这样 newData 中不仅包含文本内容，还包含图片内容。

发送图片评论后，同时要清空已选择的图片，因此修改初始化方法 resetAllDefault Status，示例代码如下：

```
// 清空评论输入框内容，同时初始化输入的状态
resetAllDefaultStatus() {
  this.setData({
    keyboardInputValue: ",
```

```
    chooseFiles: [],
    sendMoreMsgFlag: false
  });
},
```

相比之前只设置了 keyboardInputValue 变量，这里还重置了 chooseFile 变量和 sendMoreFlag 变量。

保存代码，运行测试，在评论的内容中输入评论内容和选择图片，单击"发送"按钮，效果如图 4-22 所示。

图 4-22　添加图文评论的效果

10. 实现语音消息的发送

到目前为止，我们已经完成了文字和图片的评论的发送功能，接下来学习如何发送语音评论。

发送语音评论的操作过程如下。

(1) 切换到语音发送状态。

(2) 长按"按住说话"按钮。

(3) 用户说话。

(4) 松开"按住说话"按钮，自动发送语音消息。

基于上面的分析，可知实现语音发送的功能，关键是处理按住和松开这两个动作，在小程序中对应的是 touchstart 和 touchend 事件，因此需要在"按住说话"按钮注册对应处理方法，代码如下：

```
<view hidden="{{useKeyboardFlag}}" class="input-item">
    <image src="/images/icon/wx_app_keyboard.png" class="comment-icon keyboard-icon" catchtap=
    "switchInputType"></image>
    <input class="input speak-input {{recodingClass}}" value="按住说话
    " disabled="disabled" catchtouchstart="recordStart" catchtouchend="recordEnd" />
</view>
```

加粗的代码分别注册 recordStart 方法和 recordEnd 方法来处理发送语音的这个事件。

对于微信小程序中处理语音的 API 的使用，首先需要调用 wx.getRecorderManager()获取全局唯一的录音管理器 RecorderManager 对象，该对象的主要方法如下：

- RecorderManager.start(Object object)：开始录音。
- RecorderManager.stop()：停止录音。
- RecorderManager.onStart(function callback)：监听录音开始事件。
- RecorderManager.onStop(function callback)：监听录音结束事件。

对这个 API 有基本的了解之后，接下来实现语音发送的功能，首先需要在 Page 对象的 data 属性添加_recorderManager 的属性变量，然后在 onLoad()方法获得此对象，代码如下：

```
// 获得录音对象
this.data._recorderManager = wx.getRecorderManager();
```

接下来需要处理 touchstart 和 touchend 事件对应的两个方法，对应的代码如下：

```
// 开始录音
recordStart(event) {
  // 设置录音样式
  this.setData({
    recodingClass: 'recoding'
  });
  // 使用新的 API 方式实现
  const recorderManager = this.data._recorderManager;
  recorderManager.start();
},
```

按住录音按钮后将执行 recordStart 方法，方法中首先绑定了 recodingClass，这个变量将改变录音按钮的样式，使其变成正在录制的样式，同时调用 recorderManager 的 start()方法执行开始录音。

```
// 结束录音
recordEnd() {
  this.setData({
    recodingClass: ''
  });
  const recorderManager = this.data._recorderManager;
  recorderManager.stop();
},
```

使用 recordEnd 方法录制录音结束，与处理录音逻辑相反，首先绑定了 recodingClass 为空，然后执行 recorderManager 的 stop 方法停止录音。

由于需要处理录音的监听方法，将其封装到一个公有的监听器中，因此还需要在 onLoad()方法中，加入如下代码：

```
// 录音监听
this.setRecorderMonitor();
```

在监听器中分别处理录音开始与录音结束的业务逻辑，具体代码如下：

```javascript
// 录音监听
setRecoderMonitor() {
  const recorderManager = this.data._recorderManager;
  // 录音开始触发
  recorderManager.onStart(() => {
    console.log('recorder start');
    this.startTime = new Date();
  })

  // 录音结束触发
  recorderManager.onStop((res) => {
    console.log('recorder stop', res)
    this.endTime = new Date();
    let diff = (this.endTime - this.startTime) / 1000;
    diff = Math.ceil(diff);
    this.submitVoiceComment({
      url: res.tempFilePath,
      timeLen: diff
    });
  })
},
```

在录音开始，我们记录开始时间戳，在录音结束处理发布录音的业务。需要注意的是在这里定义 this.startTime 和 this.endTime 两个变量分别记录录音开始和录音结束的时间，使用 this 的方式定义为 Page 对象属性，这样方便在其他的方法中引用。

在处理语音结束后的监听方法，执行 this.submitVoiceComment 方法提交录音内容，其代码如下：

```javascript
// 提交录音
submitVoiceComment(audio) {
  let newData = {
    username: "艾薇",
    avatar: "/images/avatar/avatar-3.png",
    create_time: new Date().getTime() / 1000,
    // 评论内容
    content: {
      txt: '',
      img: [],
      audio: audio
    }
  }
  // 保存新评论到缓存数据库中
  let postId = this.data._postId;
  this.postDao.saveComment(postId, newData);
  // 反馈操作结果
```

```
        this.showCommitSuccessToast();
        // 重新绑定评论数据
        this.bindCommentData();
    },
```

提交录音的内容与提交文字和图片相似，只是把文本和图片设置内容为空。保存代码，运行测试，发布语音评论成功后，效果如图 4-23 所示。

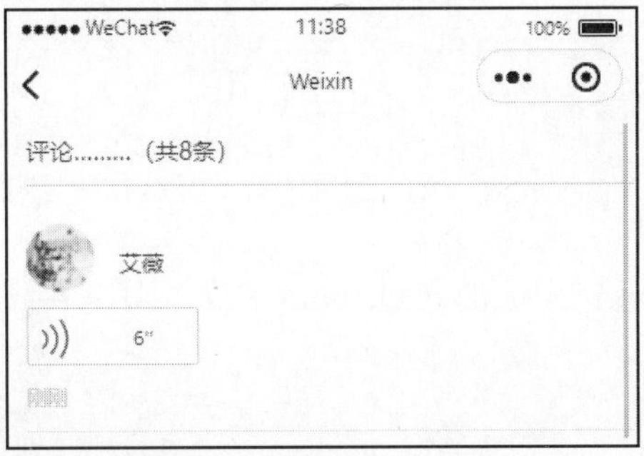

图 4-23　语音评论发布成功

11. 实现语音消息的播放与暂停

完成语音消息的发送功能后，接下来实现在评论列表中点击语音进行语音播放或暂停的功能。在前面的代码中已经将 catchtap="playAudio"这个事件注册到语音评论的组件中，代码如下：

```
<view class="comment-voice" wx:if="{{item.content.audio && item.content.audio.url}}">
    <view data-url="{{item.content.audio.url}}" class="comment-voice-item" catchtap="playAudio">
     <image src="/images/icon/wx_app_voice.png" class="voice-play"></image>
         <text>{{item.content.audio.timeLen}}"</text>
       </view>
 </view>
```

接下来实现 playAudio 这个方法。在微信小程序中语音的播放需要 InnerAudioContext 对象进行控制，这个对象可以通过 wx.createInnerAudioContext()获得，为了方便在整体 page 对象实例中使用此对象，同样可以在 this.data 的属性中定义它。同时使用 currentAudio 变量来控制当前正在播放的语音文件的 URL，代码如下：

```
data: {
   _postId: '',
   // 评论
   comments: [],
   // 语音输入与键盘输入标识
   useKeyboardFlag: true,
   // 评论输入框内容
   keyboardInputValue: '',
   // 控制是否显示图片选择面板
   sendMoreMsgFlag: false,
   // 保存已经选择的图片
```

```
      chooseFiles: [],
      // 被删除的图片序号
      deleteIndex: -1,
      // 录音时的样式
      recodingClass: '',
      // 播放当前语音
      currentAudio: '',
      // 录音对象
      _recorderManager: null,
      // 获得音频播放上下文
      _innerAudioContext : null
    }
```

接下来在 post-comment.js 中添加 playAudio 方法，具体实现代码如下：

```
// 播放与暂停语音
  playAudio(event) {
    let url = event.currentTarget.dataset.url;
    const innerAudioContext = this.data._innerAudioContext;
    if (url == this.data.currentAudio) {
      console.log("pause.......");
      // 暂停播放
      innerAudioContext.pause();
      this.data.currentAudio = '';
    } else {
      this.data.currentAudio = url;
      innerAudioContext.src = url;
      innerAudioContext.play();
      console.log("play.......");
    }

    // 音频自然播放结束
    innerAudioContext.onEnded(() => {
      console.log('播放完成');
      this.data.currentAudio = '';
    })
    innerAudioContext.onPlay(() => {
      console.log('开始播放')
    });
    innerAudioContext.onStop(() => {
      console.log('播放停止')
    });
  },
```

上面的代码演示了 innerAudioContext 对象的基本使用方法，其步骤如下：

(1) 获得 InnerAudioContext 对象。

(2) 设置 InnerAudioContext 的音频资源的地址属性。这里也可以设置其他属性，详细内容查看官方文档，网址为 https://developers.weixin.qq.com/miniprogram/dev/api/media/audio/InnerAudioContext.html。

(3) 调用 play 进行播放或调用 pause 暂停播放。

(4) 监听音频事件。在这里列举了常用的几种事件处理方法，需要注意的是在音频自然播放事件中使得 this.data.currentAudio 变量设置为空。

保存代码，自动编译后在真机上进行测试，如果用户是第一次使用录音功能，就会弹出请求授权提示。当用户授权后，下次再使用录音功能时就不会再弹出这个提示框。

以上就完成了文章评论的全面功能的实现。

------------ 思政讲堂 ------------

以新时代工匠精神塑强新质生产力——小程序开发者的责任

党的二十大报告强调，实现高质量发展，是中国式现代化的本质要求之一，是全面建设社会主义现代化国家的首要任务。习近平总书记在中共中央政治局第十一次集体学习时强调，发展新质生产力是推动高质量发展的内在要求和重要着力点。新时代工匠精神有着深厚的文化底蕴和清晰的历史纵深。它发展成熟于产业变革实践，浸润于"精于工、匠于心、品于行、名于世"的工匠文化，在中华民族物质文明创造过程中已经发挥并正在发挥强大的精神动力及智力支持作用，契合了新时代新征程探寻新优势新动能的新需要。

小程序作为一种轻量级应用，凭借其便捷性和易用性，迅速普及开来。小程序开发者在享受技术红利的同时，也肩负着重要的社会责任，其中之一就是关注用户体验。

用户体验是用户在使用小程序过程中产生的主观感受和评价。良好的用户体验可以提升用户满意度，增强用户粘性，反之则会影响小程序的口碑和推广。

对于小程序开发者来说，关注用户体验体现在以下几个方面：

1. 交互友好

小程序的交互设计应友好易用，让用户能够直观、顺畅地操作。要避免复杂烦琐的操作流程，应提供清晰明了的导航和提示。

2. 及时反馈

用户在使用小程序时，应能及时获得反馈，了解小程序的运行状态。设计小程序时要重视交互反馈，及时准确地告知用户操作结果，避免用户陷入困惑或焦虑。

3. 性能流畅

小程序的性能应流畅稳定，避免出现卡顿、闪退等问题。要对小程序进行充分的性能优化，确保用户在使用过程中有良好的体验。

4. 注重细节

小程序的细节设计也影响着用户体验。要注重界面美观、文案简洁、功能完善等细节，让用户在使用小程序时感到赏心悦目、操作便捷。

关注用户体验，不仅是小程序开发者应尽的责任，也是提升小程序竞争力的关键。只有真正站在用户的角度思考问题，设计出用户喜爱的产品，小程序才能获得长远的发展。

因此，小程序开发者应时刻铭记关注用户体验的原则，以高度的责任感和匠人精神，为用户打造出更加友好、流畅、贴心的使用体验。

单元小结

- 掌握小程序页面参数的传递技巧，学会动态设置标题。
- 掌握小程序交互反馈组件 API 的使用。
- 掌握小程序组件动画实现的两种方式。
- 掌握小程序中图片预览、图片选择、照片、语音录制与控制相关 API 的使用。

单元自测

1. 微信小程序中 input 组件属性是( )。

   A. value   B. type

   C. password   D. color

2. 下列关于微信小程序动画 API 的描述，错误的是( )。

   A. wx.createAnimation( )用于创建动画实例

   B. animation.rotate( )用于动画旋转

   C. animation 动画对象不支持链式写法

   D. animation.translate( )用于动画平移

3. 下列选项中，关于小程序图片相关 API 的描述，说法错误的是( )。

   A. wx.chooseImage()表示从本地相册选择图片或者使用相机拍照

   B. 在选择图片时，count 参数设置上传图片的张数，默认为 1

   C. wx.previewImage()表示在新页面中全屏预览图片

   D. wx.getImageInfo()可获取图片信息

4. 下列选项中，关于录音 API 中的 RecorderManager 的说法，错误是( )。

   A. RecorderManager 可以通过 wx.getRecorderManager 获得多个对象

   B. RecorderManager 的 start()方法和 stop()方法分别表示开始录音和停止录音

   C. 如果需要在录音完成处理业务，可以使用 RecorderManager 的 RecorderManager.onStop(function callback)的回调函数进行处理

   D. 使用 RecorderManager 录音时最长录音的时间为 1 分钟

5. 下列选项中，关于微信小程序 InnerAudioContext 说法正确是(   )。

    A. 可以使用 wx.createInnerAudioContext 方法获得全局的 InnerAudioContext 对象

    B. 可以通过设置 InnerAudioContext 对象的 url 属性设置音频播放的地址

    C. 使用 InnerAudioContext.pause()方法可以暂停音频播放

    D. InnerAudioContext.onStop(function callback)表示音频自然播放完成后停止处理的回调函数

上机实战

上机目标

- 掌握小程序媒体相关的 API 的使用。
- 进一步完善文章详情页面的功能。

上机练习

◆ 第一阶段 ◆

练习 1：基于本章任务案例，完成文章阅读计算功能，其完成效果如图 4-24 所示。

图 4-24 文章列表中显示文章被阅读的次数

【问题描述】

(1) 在文章列表页面显示文章被阅读的次数。

(2) 用户从文章列表页面进入文章详情页面，文章被阅读的次数增加 1 次。

【问题分析】

    根据上面的问题描述，对文章被阅读次数主要有两个功能实现，第一个功能是读取对应文章被阅读次数 readingNum 并在页面进行显示，第二个功能是用户每次进入 post-detail 页面时，当前文章的阅读数量 readingNum 需要增加 1 次。

【参考步骤】

(1) 打开微信开发者工具，选择【项目】菜单，然后选择【导入项目】导入本单元的案例。

(2) 在 PostDao.js 中添加一个处理阅读数 readingNum 加 1 的方法，参考代码如下：

```
// 阅读数量+1
addReadCount(postId) {
    let postItem = this.getPostDetailById(postId);
    let postData = postItem.data;
    let postIndex = postItem.idx;
    let postAllListData = this.getAllPostData();

    // 阅读数加 1
    postData.readingNum++;
    // 更新文章内容
    postAllListData[postIndex] = postData;

    console.log("addReadCount...",postAllListData);
    // 更新缓存数据库内容
    wx.setStorageSync(this.storageKeyName, postAllListData);
}
```

(3) 利用 post-detail.js 中的 onLoad 方法调用 addReadCount( )方法，参考代码如下：

```
onLoad: function (options) {
    // 获得文章编号
    let postId = options.postId;
    console.log("postId:" + postId);
    this.postDao = new PostDao();
    // 添加阅读数量
    this.postDao.addReadCount(postId);

    let postData = this.postDao.getPostDetailById(postId);
    console.log("postData", postData);
    this.setData({
      post: postData.data
    });
    // 创建动画
    this.setAnimation();
},
```

完成以上代码后，每次点击进入文章详情页面阅读数都会加 1，需要注意的是再返回文章阅读列表页面，此时阅读数量并没有更新，当刷新项目或下次进入文章列表页面时，文章对应的阅读数将会被更新。

练习 2：基于文章评论功能，修改代码实现评论的用户信息与当前授权用户进行关联，而不使用硬编码的方式，真机测试效果如图 4-25 所示。

图 4-25　语音评论真机测试效果

【问题描述】

用户完成文章评论内容的收入，发布评论成功后，用户信息显示当前授权用户信息。

【问题分析】

根据上面的问题描述，评论发布 newData 变量中 username 属性和 avatar 属性与当前授权用户信息进行关联。

【参考步骤】

(1) 打开微信开发者工具，选择【项目】菜单，然后选择【导入项目】导入本单元的示例。

(2) 在 dao 目录中添加一个 UserDao.js 用户专门处理用户的数据处理，获得当前用户对象方法，参考代码如下：

```
class UserDao {
  constructor() {
```

```
   this.storageKeyName = 'userInfo';
 }
 // 获得当前用户对象
 getCurrentUser(){

   let userInfo = wx.getStorageSync(this.storageKeyName);
   if(userInfo != null){
     return userInfo;
   }
 }
}


// 通过 ES6 语法导出模块
export {
 UserDao
}
```

（3）在 post-comment.js 中对应发布评论的方法中修改代码，参考代码如下：

```
// 提交录音
  submitVoiceComment(audio) {
   let userDao = this.data._userDao;
   let userInfo = userDao.getCurrentUser();

   let newData = {
    // username: "笑笑",
    // avatar: "/images/avatar/avatar-3.png",
    username:userInfo.nickName,
    avatar:userInfo.avatarUrl,
    create_time: new Date().getTime() / 1000,
    // 评论内容
    content: {
      txt: '',
      img: [],
      audio: audio
    }
   }
   // 保存新评论到缓存数据库中
   let postId = this.data._postId;
   this.postDao.saveComment(postId, newData);
   // 反馈操作结果
   this.showCommitSuccessToast();

   // 重新绑定评论数据
   this.bindCommentData();
  }
```

需要注意的是,使用 UserDao 对象时,需要在 post-comment.js 中先导入,然后在 onLoad 方法中进行实例化对象。

保存代码,测试就可以实现图 4-25 所示的效果。

◆ 第二阶段◆

练习 3:完成小程序中照片的选择案例,其实现的功能包含选择照片、删除照片、保存照片,其效果如图 4-26 所示。

图 4-26　案例完成效果

【问题描述】

根据上文描述,本练习的任务要求包含三个功能,即照片的选择、照片的删除、将照片保存到本地缓存,其具体要求如下:

(1) 初始化页面,仅显示选择的图片,如图 4-27 所示。

图 4-27　案例初始化页面效果

(2) 用户可以选择本地照片或拍照，最多选择 9 张照片，选择照片后页面显示所选照片的效果，同时出现"保存图片信息"按钮。

(3) 单击图片右上角的删除图标，可以删除对应的照片。

(4) 单击"保存图片信息"按钮，保存图片信息到本地缓存。

【问题分析】

根据问题描述，其功能实现方法与文章评论的图片处理方法类似，具体步骤可以参考 4.4.2 节的内容。

单元 五

多媒体与社交分享

课程目标

项目目标

❖ 实现在文章详情页面播放背景音乐的功能

❖ 实现将文章页面分享到微信群和朋友圈的功能

技能目标

❖ 掌握小程序背景音乐播放 API 的使用

❖ 掌握小程序页面分享到微信群和朋友圈相关 API 的使用

素质目标

❖ 培养热爱中华文化的品质，增强文化自信

❖ 理解和传承中华传统美德，弘扬中华民族精神

❖ 培养科学理性的思维方式，增强辨别是非的能力

简介

在上一单元中，我们一起完成了关于文章评论的相关功能，本单元将继续完善文章详情页面的功能，在实际的应用场景中有很多播放音乐背景和分享内容的功能。本单元将学习关于小程序播放背景音乐的相关 API，利用这些 API 来实现多个页面的背景音乐功能；同时学习小程序关于页面分享相关的 API，使用这个 API 实现将文章分享到微信群和朋友圈的相关功能。

在学习微信小程序分享相关功能技术的同时，我们有责任利用小程序平台弘扬中华优秀传统文化，让中华文明在网络世界中焕发新的光彩，同时我们有义务倡导理性分享，抵制网络谣言，维护网络信息安全。

任务 5.1 音乐畅享：实现多页面背景音乐播放

5.1.1 任务描述

1. 具体的需求分析

在上一单元的文章评论功能实现中，我们学习了关于小程序媒体中图片和音频 API 的使用，在本节将继续学习微信中背景音频 API 的使用，并完成多页面播放背景音乐相关功能。

2. 效果预览

完成本次任务后，进入每个文章的详情页面，都可以看到如图 5-1 所示的效果。

单击文章图片中间的音乐播放按钮，背景音乐开始播放，同时播放图片切换为暂停按钮，文章图片切换为背景音乐封面图片，其效果如图 5-2 所示。

图 5-1　实现背景音乐功能的文章页面

图 5-2 播放背景音乐时的页面图

5.1.2 知识学习

本任务主要涉及的知识点为微信小程序背景音频 API 的使用。

在微信小程序中关于音乐播放 API 的使用方式与音频 API 的使用方法比较相似,基本分为以下三个步骤。

(1) 通过 wx.BackgroundAudioManager 获得一个背景音频的管理对象。

(2) 设置 BackgroundAudioManager 的属性和调用进行背景音乐的控制。

BackgroundAudioManager 对象常用的属性如下。

① string src:音频的数据源(版本 2.2.3 开始支持云文件 ID)。默认为空字符串,当设置了新的 src 时,会自动开始播放,目前支持的格式有 m4a、aac、mp3、wav。

② string title:原生音频播放器音频标题(必填)。原生音频播放器中的分享功能,分享出去的卡片标题也将使用该值。

③ string coverImgUrl:封面图 URL,用于做原生音频播放器背景图。原生音频播放器中的分享功能,分享出去的卡片配图及背景也将使用该图。

常用的方法为:

① BackgroundAudioManager.play():播放音乐。

② BackgroundAudioManager.pause():暂停音乐。

③ BackgroundAudioManager.stop()：停止音乐。

(3) 通过监听回调方法对业务进行控制。

常用的监听回调方法如下。

① BackgroundAudioManager.onPlay(function callback)：监听背景音频播放事件。

② BackgroundAudioManager.onPause(function callback)：监听背景音频暂停事件。

③ BackgroundAudioManager.onStop(function callback)：监听背景音频停止事件。

④ BackgroundAudioManager.onEnded(function callback)：监听背景音频自然播放结束事件。

5.1.3 任务实施

1. 实现单页面背景音乐的播放

当用户进入文章详情页面，可以看到页面中有一个用于播放音乐的开关，位于文章详情页面头部的中部，点击开关，背景音乐开始播放；再次点击开关，音乐暂定播放。如果用户退出当前页面，背景音乐自动停止。这是将要实现的单页背景音乐播放的业务需求，接下来进行具体的实现。

首先在文章的详情页面添加一个用于播放音乐的开关。需要在 post-detail.wxml 中添加以下代码。

```
<!--音乐播放开关-->
<image catchtap="onMusicTap" class="music" src="{{isPlayingMusic?'/images/icon/wx_app_music_stop.
  png':'/images/icon/wx_app_music_start.png'}}">
</image>
```

同时在 post-detail.wxss 中添加 CSS 样式代码，代码如下：

```
/* 音乐播放 */
.music {
 width: 110rpx;
 height: 110rpx;
 position: absolute;
 left: 50%;
 margin-left: -51rpx;
 top: 180rpx;
 opacity: 0.9;
}
```

在 post-detail.js 的 data 变量添加一个新的属性变量 isPlayingMusic，将其作为音乐播放的状态，代码如下：

```
data: {
 // 文章详情对象
 post: {},
```

```
// 音乐是否播放标签
isPlayingMusic: false,
}
```

保存代码，自动编译运行后，文章详情页面将出现一个音乐播放的图片，如图 5-3 所示。

图 5-3　加入背景音乐播放开关的文章详情页面

接下来实现播放与暂定的业务，需要在播放开关的注册方法 OnMusicTip 中实现具体业务。基于之前对 API 基本使用的了解，需要在页面的 onLoad( )方法中获取背景音乐管理对象 BackGroundAudioManager，同时在 data 属性中添加对应的属性，方便后面使用，代码如下：

```
data: {
  // 文章详情对象
  post: {},
  // 音乐是否播放标签
  isPlayingMusic: false,
  // 背景音乐播放管理器
  _backGroundAudioManager: null,
  // 音乐对象
  _playingMusic: null
}
```

加粗的代码分别定义了音乐播放管理对象和音乐对象。

与之前的业务实现逻辑相同，当前背景音乐的数据也来自本地缓存数据库。每一个文章对象对应一个背景音乐属性，保存对应音乐相关的信息，其数据结构如下：

```
{
  date: "February 9 2023",
  title: "2023LPL 春季赛第八周最佳阵容",
  postImg: "/images/post/post1.jpg",
  avatar: "/images/avatar/2.png",
  content: "2023LPL 春季赛第八周最佳阵容已经出炉，请大家一起围观...",
  readingNum: 23,
  collectionStatus: true,
  collectionNum: 3,
  commentNum: 0,
  author: "游戏达人在线",
  dateTime: "24 小时前",
  detail: "2023LPL 春季赛第八周最佳阵容：上单——EDG.Ale、打野——EDG.Jiejie、中单
          ——LNG.Scout、ADC——WE.Hope、辅助——RNG.Ming。第八周 MVP 选手——EDG.Jiejie，
          第八周最佳新秀——LGD.Xiaoxu。",
  upNum: 11,
  upStatus: false,
  postId: 1,
  music: {
    url: "http://music.163.com/song/media/outer/url?id=1372060183.mp3",
    title: "空-徐海俏",
    coverImg: "https://y.gtimg.cn/music/photo_new/T002R300x300M000002sNbWp3royJG_1.jpg?max_
    agage=2592000",
  },
}
```

需要注意的是，对应的音乐是一个在线音乐 URL，需要确保这个 URL 是可以使用的。接着获取背景音乐和文章详情对应的音乐对象，修改 onLoad()方法，代码如下：

```
onLoad(options) {
  // 获得文章编号
  let postId = options.postId;
  console.log("postId:" + postId);
  let postData = postDao.getPostDetailById(postId);
  let post = postData.data;
  console.log('postData', postData)
  this.setData({
    post: postData.data
  })
  // 创建动画
  this.setAnimation();

  // 获取背景音乐播放器
  this.data._backGroundAudioManager = wx.getBackgroundAudioManager();
  // 获得音乐对象
  this.data._playingMusic = post.music;
},
```

加粗的代码为新增加的代码。

接下来在 onMusicTap 方法中实现背景音乐的播放与暂停的操作，代码如下：

```
// 播放音乐或暂停音乐
onMusicTap(event) {
  // 获取背景音乐管理器
  const backGroundAudioManager = this.data._backGroundAudioManager;
  // 获得音乐
  const playMusic = this.data._playingMusic;
  console.log("playMusic",playMusic);
  // 如果正在播放
  if (this.data.isPlayingMusic) {
    backGroundAudioManager.pause();
  } else {
    // 设置音乐属性
    backGroundAudioManager.title = playMusic.title;
    backGroundAudioManager.src = playMusic.url;
    backGroundAudioManager.coverImgUrl = playMusic.coverImg;
    backGroundAudioManager.play();
  }
  this.setData({
    isPlayingMusic: !this.data.isPlayingMusic
  });
```

上面的示例代码中，根据 isPlayingMusic 的状态进行判断，如果正在播放，调用 backGroundAudioManager.pause()暂停播放，否则设置音乐属性，调用 backGroundAudioManager.play()播放音乐，最后进行数据绑定，更新音乐开关的状态显示。

保存代码并自动编译运行，控制台报错，提示内容如图 5-4 所示。

```
⊗ [接口更新提示] 若需要小程序在退到后台后继续播放音频，你需要在 app.json 中配置 requiredBackgroundModes 属性，详见：https://developers.weixin.qq.com/miniprogra
m/dev/reference/configuration/app.html#requiredBackgroundModes
(env: Windows,mp,1.06.2303220; lib: 2.19.2)
====setMuiscMonitor====onPause====                                                                    post-detail.js? [sm]:152
>
```

图 5-4　背景音乐播放控制错误提示

由于控制台出现了错误提示，需要在 app.json 中配置一个属性，在 app.json 配置文件添加如下代码：

```
{
  "pages": [
    "pages/welcome/welcome",
    "pages/posts/posts",
    "pages/index/index",
    "pages/logs/logs",
    "pages/post-detail/post-detail",
    "pages/post-comment/post-comment"
  ],
  "window": {
```

```
    "backgroundTextStyle": "light",
    "navigationBarBackgroundColor": "#fff",
    "navigationBarTitleText": "Weixin",
    "navigationBarTextStyle": "black"
  },
  "requiredBackgroundModes": [
    "audio",
    "location"
  ],
  "style": "v2",
  "sitemapLocation": "sitemap.json"
}
```

加粗的代码为添加的新代码。保存代码，自动编译后，音乐可以正常播放。除了在本页可以正常播放，还可以切换到其他文章详情页面中播放其他的歌曲。当播放新歌曲时，上一首歌曲将自动停止。无论如何操作页面，只要小程序不退出，音乐就不会停止。进行如下测试。

(1) 进入文章 A 的详情页面，点击音乐图标播放音乐。

(2) 返回文章列表页面。

(3) 随后再次进入文章 A 的详情页面。

这时发现当前 A 音乐正在播放，但音乐播放的图标却是未播放状态。

基于对页面生命周期的知识点的分析，可以发现当从 A 文章详情页面退出后，A 页面执行 unload 对当前 page 实例进行销毁，因此 A 页面所对应的变量都将"消失"；但微信小程序中的背景音乐是全局行为，不会因为当前页面 unload 就停止播放。当再次进入 A 页面时，isPlayingMusic 变量将被初始化为 false，而音乐还在播放。这样就造成了音乐播放图标状态不对的问题。

一个简单的解决方案为，当从文章详情页面返回文章列表页面时，主动关闭音乐，代码如下：

```
/**
 * 生命周期函数：监听页面卸载
 */
onUnload() {
  console.log("post-detail:onUnload.....");
  const backGroundAudioManager = this.data._backGroundAudioManager;
  backGroundAudioManager.stop(); // 停止音乐播放
  this.setData({
    isPlayingMusic: false
  });
},
```

在 post-detail 页面的 onUnload 方法中主动关闭当前音乐播放，并设置 isPlayingMusic 状态为 false。这样就解决了页面标签与逻辑不一致的问题。

以上就实现了单页面背景音乐基本的播放功能。

2. 实现背景音乐监听

当播放背景音乐时，在模拟器的下方将显示音乐播放控制面板，如图 5-5 所示。

图 5-5　播放背景音乐的控制面板

当使用控制面板对音乐的播放与暂停进行控制时，就会发现页面中的播放开关图标不能同时进行修改。此外，当一首歌曲播放完毕后，音乐图标也应该恢复未播放的状态，但是实际情况并不是这样。基于前面使用音频 API 的经验，我们可以使用音乐监听的方式处理它们的状态。

在 post-detail.js 中添加一个 setMusicMonitor 方法，利用该方法对背景音乐的各种状态进行监听，代码如下：

```
// 音乐监听
  setMusicMonitor() {
    console.log("=====音乐监听开始=======")
    // 获取背景音乐管理器
    const backGroundAudioManager = this.data._backGroundAudioManager;
    // 音乐停止监听
    backGroundAudioManager.onStop(() => {
      console.log("====setMusicMonitor===onStop============");
      this.setData({
        isPlayingMusic: false
      });
    });

    // 音乐播放监听
    backGroundAudioManager.onPlay(() => {
      console.log("====setMusicMonitor===onPlay============");
      this.setData({
        isPlayingMusic: true
      });
    });
    // 音乐播放监听
    backGroundAudioManager.onPause(() => {
      console.log("====setMusicMonitor===onPause============");
      this.setData({
        isPlayingMusic: false
      });
    });

    // 音乐自然播放结束
    backGroundAudioManager.onEnded(() => {
      console.log("===setMusicMonitor===onEnded============");
```

```
    this.setData({
      isPlayingMusic: false
    });
  });
},
```

上面的代码中，分别对音乐的播放、暂定、停止，以及自然播放完毕进行监听，并设置 isPlayingMusic 的状态值。需要注意的是，当音乐自动播放完成时需要通过 onEnded( ) 监听，不能通过 onStop( )监听，onStop( )主要在执行 stop( )方法停止时进行调用。

接下来，需要在 onLoad( )方法中调用 setMusicMonitor 方法，代码如下：

```
/**
 * 生命周期函数：监听页面加载
 */
onLoad: function (options) {
  // 获得文章编号
  let postId = options.postId;
  console.log("postId:" + postId);
  this.postDao = new PostDao();
  // 添加阅读数量
  this.postDao.addReadCount(postId);
  let postData = this.postDao.getPostDetailById(postId);
  let post = postData.data;
  console.log("postData", postData);
  this.setData({
    post:post
  });
  // 创建动画
  this.setAnimation();
  // 获取背景音乐播放器
  this.data._backGroundAudioManager = wx.getBackgroundAudioManager();
  // 获得音乐对象
  this.data._playingMusic = post.music;
  // 设置音乐监听器
  this.setMusicMonitor();
},
```

加粗的代码为添加的代码。

保存代码，自动编译后运行，可以发现刚才测试的漏洞已经完全解决。

3. 实现全局音乐播放

在前面的内容中，已经实现了单页音乐的播放，但这种音乐播放体验并不好，用户不能实现全局音乐的播放，接下来将实现全局背景音乐的播放，即完成多页面背景音乐的播放功能。

分析之前的代码逻辑，我们使用 Page 级别的变量 isPlayingMusic 来控制音乐播放的状态，当页面销毁后变量丢失了，因此解决这个问题的思路是提供一个全局的变量来记录音乐播放的状态。这个全局变量和页面无关，这样变量的生命周期就可以和音乐播放的生命周期在同一个级别。大家应该很容易想到我们可以使用一个 App 级别的变量来控制音乐播放的状态，因此可以在 app.js 中添加相关变量，代码如下：

```
globalData: {
  // globalMessage : "I am global data",
  // 全局控制背景音乐的播放状态
  g_isPlayingMusic: false,
  // 全局控制当前的音乐编号
  g_currentMusicPosId:null
}
```

上面的代码中，在 App 的 Object 对象添加了一个 globalData 对象，这个对象用来记录整体项目的全局变量，然后在 globalData 对象下添加了一个全局音乐控制状态变量——g_isPlayingMusic 变量，该变量的初始状态为 false。同时添加一个记录当前播放的音乐编号的全局变量 g_currentMusicPostId

设置了全局变量就要使用它，我们需要在 post-detail.js 中获取所设置的 g_isPlayingMusic 变量，在 post-detail.js 中添加如下代码：

```
// 获得 App 对象
const app = getApp();
```

通过小程序提供一个全局方法 getApp()，用于获取小程序的 App 对象，这样在页面位置就可以使用 app.globalData 来访问全局变量了。

为了修改为全局的背景应用，首先需要对 post-detail.js 中的 onUnload 函数中有关停止音乐播放的相关代码进行注释。

接着，需要在每一次音乐播放状态改变时将改变的状态更新保存到全局 app.globalData.g_isPlayingMusic 变量。修改 onMusicTap 方法，代码如下：

```
// 播放音乐或暂停音乐
onMusicTap(event) {
  // 获取背景音乐管理器
  const backGroundAudioManager = this.data._backGroundAudioManager;
  // 获得音乐
  const playMusic = this.data._playingMusic;
  console.log("playMusic", playMusic);
  // 如果正在播放
  if (this.data.isPlayingMusic) {
    backGroundAudioManger.pause();
    app.globalData.g_isPlayingMusic = false;
  } else {
  // 设置音乐属性
  backGroundAudioManager.title = playMusic.title;
  backGroundAudioManager.src = playMusic.url;
  backGroundAudioManager.coverImgUrl = playMusic.coverImg;
```

```
      backGroundAudioManger.play();
    }

    this.setData({
      isPlayingMusic: !this.data.isPlayingMusic
    });

    app.globalData.g_isPlayingMusic = true;
    // 保存当前文章编号到全局变量中
    app.globalData.g_currentMusicPostId = this.data.post.postId;
  },
```

加粗的代码为添加的代码。可以看到，当音乐播放暂停时，修改全局变量 g_isPlaying
Music 为 false，否则为 true。同时，把当前文章编号记录到另外一个全局变量 g_currentMusic
PostId 中。

同时，需要音乐监听的方法也需要更新全局音乐播放的状态，代码如下：

```
// 音乐监听
setMusicMonitor() {
  console.log("=====音乐监听开始========")
  // 获取背景音乐管理器
  const backGroundAudioManager = this.data._backGroundAudioManager;

  // 音乐停止监听
  backGroundAudioManager.onStop(() => {
    console.log("====setMusicMonitor===onStop=============");
    this.setData({
      isPlayingMusic: false
    });

    app.globalData.g_isPlayingMusic = false;
  });

  // 音乐自然播放结束
  backGroundAudioManager.onEnded(() => {
    console.log("====setMusicMonitor===onEnded=============");
    this.setData({
      isPlayingMusic: false
    });
    app.globalData.g_isPlayingMusic = false;
  });
```

加粗的代码为新添加的代码。逻辑很清楚，当音乐状态发送变量时，全局变量相应地
进行更新。

　　由于当前要实现全局的音乐播放，所以每次进入 post-detail 页面时，都应该读取 app.globalData.g_isPlayingMusic 的值，根据这个变量值来决定播放图标的显示状态。在 post-detail.js 中添加一个初始化音乐图标状态的方法，代码如下：

```
// 初始化音乐播放图标状态
initMusicStatus() {
  let currentPostId = this.data.post.postId;
  if (app.globalData.g_isPlayingMuisc && app.globalData.g_currentMusicPosId === currentPostId) {
    this.setData({
      isPlayingMusic: true
    });
  } else {
    this.setData({
      isPlayingMusic: false
    });
  }
},
```

　　在上面的代码中，首先需要获得当前文章编号，接着通过全局音乐状态和全局音乐对应文章编号进行判断。如果当前音乐是当前对应文章的音乐且当前的音乐状态为 false，才修改图标状态为 true(图标为暂停状态)，否则修改为 false(图标为播放状态)。

　　同时，在页面的 onLoad 函数中添加 initMusicStatus 方法，代码如下：

```
onLoad(options) {
  // 获得文章编号
  let postId = options.postId;
  console.log("postId:" + postId);
  let postData = postDao.getPostDetailById(postId);
  let post = postData.data;
  console.log('postData', postData)
  this.setData({
    post: postData.data
  })
  // 创建动画
  this.setAnimation();

  // 获取背景音乐播放器
  this.data._backGroundAudioManager = wx.getBackgroundAudioManager();
  // 获得音乐对象
  this.data._playingMusic = post.music;
  // 设置音乐监听器
  this.setMusicMonitor();
  // 初始化音乐播放状态
  this.initMusicStatus();
},
```

　　保存代码，自动编译并运行，全局的音乐播放的功能就全部实现了。

4. 显示音乐的封面图片

为了进一步优化用户的使用体验，接下来实现当音乐播放时，文章详情页面中文章的图片随之切换为音乐的封面图，同时当音乐暂停播放时，这个图片又将切换到文章的图片。

分析逻辑，发现实现这个功能非常简单，只需要根据页面中 isPlayingMusic 音乐播放状态的控制变量，来控制 post-detail.wxml 页面文章图片的显示逻辑就可以了，只修改一句代码就可以实现，代码如下：

```
<image class="head-image" src="{{isPlayingMusic?post.music.coverImg:post.postImg}}"></image>
```

保存代码，自动编译并运行的结果如图 5-6 所示。

图 5-6　音乐播放时的音乐封面图

到目前为止，我们已经完成了关于文章多页面背景音乐播放功能的全面内容。

任务 5.2　好文共赏：分享文章给朋友和朋友圈

5.2.1　任务描述

1. 具体的需求分析

在很多 App 中都会有把内容分享给朋友、微信群和朋友圈的功能。早期的微信小程序的版本只能分享给好友或群聊，不能分享到微信群和朋友圈，但新的版本已经可以支持这两个功能，接下来将实现把文章详情页面分享给朋友、微信群和朋友圈的功能。

2. 效果预览

完成本次任务后，进入每一个文章的详情页面，单击右上角的分享按钮，如图5-7所示。

单击"发送给朋友"按钮可以把文章分享给微信好友和微信群，单击"分享到朋友圈"可以把文章分享到朋友圈，单击"分享到朋友圈"的结果如图5-8所示。

图 5-7　文章的分享功能

图 5-8　分享文章到朋友圈的结果图

5.2.2　知识学习

本任务涉及的知识点主要是微信小程序分享 API 的使用。

在微信小程序的页面右上角有个标准的分享按钮，如图5-9所示。

如果没有在当前页面注册对应分享的 API，那么单击"分享"按钮，将出现"当前页面未设置分享"的提示，如图5-10所示。

图 5-9　页面分享按钮　　　　　　　　　图 5-10　页面未设置分享提示

微信小程序对于分享给朋友和分享到朋友圈分别提供不同的 API，分别如下：

(1) onShareAppMessage(Object object)：监听用户点击页面内转发按钮(button 组件 open-type="share")或右上角菜单"转发"按钮的行为。

(2) onShareAppMessage 方法：必须返回一个 Object 对象，这个对象可以保护以下属性。

① title：转发标题，默认值为当前小程序名称。

② path：转发路径，默认值为当前页面 path，必须是以/开头的完整路径。

③ imageUrl：自定义图片路径，可以是本地文件路径、代码包文件路径或网络图片路径，支持 PNG、JPG。显示图片长宽比是 5∶4。

(3) Promise：如果该参数存在，则以 resolve 结果为准，如果三秒内不 resolve，分享会使用上面传入的默认参数。

(4) onShareTimeline()：监听右上角菜单"分享到朋友圈"按钮的行为，并自定义分享内容。(从基础库 2.11.3 开始支持)

事件处理函数返回一个 Object，用于自定义分享内容，不支持自定义页面路径，返回内容如下。

(1) title：自定义标题，即朋友圈列表页上显示的标题，默认值为当前小程序名称。

(2) query：自定义页面路径中携带的参数，如 path?a=1&b=2 中"?"后面的部分。默认值为当前页面路径携带的参数。

(3) imageUrl：自定义图片路径，可以是本地文件或网络图片。支持 PNG、JPG，显示图片长宽比是 1∶1。默认值为小程序 logo。

5.2.3　任务实施

1. 实现发送页面给朋友功能

若要实现文章分享功能，首先需要在 post-detail 页面中加入对应的方法，代码如下：

```
/**
* 用户点击右上角分享
*/
onShareAppMessage () {

},
// 分享到朋友圈
onShareTimeline{

}
```

保存代码，自动编译后的运行结果如图 5-11 所示。

图 5-11　加入分享相关代码后的结果

从图 5-11 可以看到"发送给朋友"和"分享到朋友圈"下面的文字提示替换了原来的"当前页面为设置分享"，且图片变为可使用状态。

接下来分别实现发送给朋友与分享到朋友圈的功能。根据上面对于 API 的介绍，为 onShareAppMessage 方法增加如下代码：

```
/**
* 用户点击右上角分享
*/
onShareAppMessage() {
  let post = this.data.post;
  return {
    title: post.title,
    imageUrl: post.postImg,
```

```
    path: "/pages/post-detail/post-detail"
  }
}
```

在返回的对象中设置 title 属性为当前页面文章的标题，imageUrl 属性值为当前文章的图片；path 为当前页面的路径。保存代码，自动编译并运行后，如图 5-12 所示。

点击"发送"按钮，文章被发送给朋友，并提示发送成功，如图 5-13 所示。

图 5-12　分享给朋友的效果图

图 5-13　成功发送给朋友的提示

请大家注意，当前的测试环境为模拟器，由此发送的朋友为虚拟好友，如果测试的环境为真机环境，就会出现选择朋友的内容。

2. 实现分享页面到朋友圈功能

上面的内容已经完成把文章分享给朋友，接下来继续完成分享到朋友圈的功能，代码如下：

```
// 分享到朋友圈
onShareTimeline () {
  let post = this.data.post;
  return {
    title: post.title,
    imageUrl: post.postImg
  }
},
```

在这里仅仅设置分享的标题和图片，保存代码，自动编译后的运行结果如图 5-14 所示。

图 5-14 分享到朋友圈

需要注意，对于把小程序分享到朋友圈，目前的版本只能支持 Android 手机，小程序页面默认不能被分享到朋友圈，开发者需主动设置"分享到朋友圈"。页面允许被分享到朋友圈，需满足两个条件：

(1) 页面需设置允许"发送给朋友"。具体参考 Page.onShareAppMessage 接口文档。

(2) 页面需设置允许"分享到朋友圈"，同时可自定义标题、分享图片等。

用户在朋友圈打开分享的小程序页面，并不会真正打开小程序，而是进入一个"小程序单页模式"的页面，"单页模式"有以下特点：

① "单页模式"下，页面顶部固定有导航栏，标题显示为分享时的标题。底部固定有操作栏，点击操作栏的"前往小程序"可打开小程序的当前页面。顶部导航栏与底部操作栏均不支持自定义样式。

② "单页模式"默认运行的是小程序页面内容，但由于页面固定有顶部导航栏与底部操作栏，很可能会影响小程序页面的布局。因此，请开发者特别注意适配"单页模式"的页面交互，以实现流畅完整的交互体验。

③ "单页模式"下，一些组件或接口存在一定的限制。

基于微信小程序平台 API 的强大功能，我们已经全部完成小程序分享给朋友和分享到朋友圈的全部功能。

弘扬中华优秀传统文化，倡导理性分享，抵制网络谣言

网络空间，传承中华文脉

互联网时代，网络空间成为文化传承的重要阵地。作为小程序开发者，我们有责任利用小程序平台弘扬中华优秀传统文化，让中华文明在网络世界中焕发新的光彩。

我们可以开发小程序，让用户领略诗词歌赋的魅力，欣赏戏曲艺术的精髓，了解历史典故的渊源。通过这些小程序，用户可以随时随地浸润在中华传统文化的熏陶中，增强民族文化自信。

小程序还可以成为传播中华传统文化的载体。我们可以开发小程序，提供传统文化知识问答、文化遗产展示、非遗技艺体验等功能，让用户在互动娱乐中学习和传承中华文化。

倡导理性分享，抵制网络谣言

"网络清朗，从我做起"，网络谣言犹如网络世界中的病毒，危害极大。作为小程序开发者，我们有义务倡导理性分享，抵制网络谣言，维护网络信息安全。

我们可以开发小程序，提供辟谣功能，帮助用户辨别网络谣言。这些小程序可以利用人工智能技术，自动识别谣言特征，及时向用户发出预警。

我们还可以开发小程序，科普网络谣言的危害，提升用户的信息素养。这些小程序可以介绍常见的谣言类型、谣言传播的规律，以及如何识别和应对各类谣言。

此外，小程序开发者还可以与相关部门合作，共同打击网络谣言。我们可以提供技术支持，帮助有关部门快速溯源造谣者，净化网络环境。

网络空间是亿万网民共同的家园。弘扬中华优秀传统文化，倡导理性分享，抵制网络谣言，是我们每个小程序开发者的责任。让我们携手努力，共建一个健康、文明的网络空间。让我们做一个德智体美劳全面发展的新时代青年。

单元小结

- 掌握微信小程序多媒体中关于背景音乐 API 的使用。
- 实现单页面背景音乐的播放。
- 监听音乐播放。
- 掌握全局变量与全局音乐播放的使用。
- 显示音乐的封面图片。
- 实现微信小程序页面发送给朋友和分享到朋友圈的功能。

单元自测

1. 微信小程序 BackgroundAudioManager 对象属性包含(　　)。

   A. src
   B. title
   C. coverImgUrl
   D. webUrl

2. 下列选项中，属于 BackgroundAudioManager 监听方法的是(　　)。

   A. onPlay
   B. onStop
   C. onEnd
   D. onError

3. 下列选项中，不属于 Page 回调函数的是(　　)。

   A. onLaunch(Object object)

   B. onShareAppMessage(Object object)

   C. onShareTimeline()

   D. onAddToFavorites(Object object)

4. 下列关于小程序背景音乐使用的说法，错误的是(　　)。
  A. 微信小程序中，通过 wx.getBackgroundAudioManager( )可以获取全局唯一的背景音乐管理器对象
  B. 小程序切入后台，如果音频处于播放状态，可以继续播放，但需要在 app.json 中配置 requiredBackgroundModes
  C. BackgroundAudioManager 的 src 属性设置播放音乐来源，但目前只能支持本地音乐，不支持云 ID
  D. 在 BackgroundAudioManager 的监听方法中，对于监听音乐自动播放完成需要使用 BackgroundAudioManager.onEnded(function callback)，不能使用 Background AudioManager.onStop(function callback)

5. 下列关于微信小程序页面分享给朋友和朋友圈的使用，说法正确的是(　　)。
  A. onShareAppMessage 表示分享给朋友或微信群，方法必须返回一个 Object 对象，这个对象可以包含的属性有 title、desc、path
  B. onShareTimeline 表示把页面分享到朋友圈，但必须在 onShareAppMessage 使用后才能使用
  C. onShareTimeline 方法功能可以同时支持 Android 和 iOS 系统
  D. onShareTimeline 的分享朋友圈只能通过"单页模式"方式进行

上机目标

- 掌握微信小程序背景音乐 API 的使用。
- 了解微信小程序关于 Page 对象处理页面方法的作用。
- 完善文章模块的功能。

上机练习

◆ 第一阶段 ◆

练习 1：基于本章节案例查阅文档完成文章的收藏功能，如图 5-15 所示。

图 5-15　文章收藏功能

【问题描述】

完成文章分享中的收藏功能。

【问题分析】

根据上面的问题描述，我们需要查阅文档了解关于 Page 对象处理页面收藏功能的 API 的使用，基于文档提示完成文章收藏功能。

【参考步骤】

(1) 查阅微信官方文档，关于 Page 对象处理页面收藏功能的介绍如图 5-16 所示。

(2) 打开微信开发者工具，选择"项目"菜单，然后选择"导入项目"导入本单元的案例。

onAddToFavorites(Object object)

本接口为 Beta 版本，安卓 7.0.15 版本起支持，需只在安卓平台支持

监听用户点击右上角菜单"收藏"按钮的行为，并自定义收藏内容。

参数 Object object:

参数	类型	说明
webViewUrl	String	页面中包含web-view组件时，返回当前web-view的url

此事件处理函数需要 return 一个 Object，用于自定义收藏内容：

字段	说明	默认值
title	自定义标题	页面标题或账号名称
imageUrl	自定义图片，显示图片长宽比为 1：1	页面截图
query	自定义 query 字段	当前页面的query

图 5-16　onAddToFavorites(Object object)使用说明文档

(3) 按照文档的参考示例，需要在 post-detail.js 中添加文章收藏的方法，代码如下：

```
// 添加收藏
onAddToFavorites: function (res) {
  let post = this.data.post;
  return {
    title: post.title,
    imageUrl: post.postImg
  }
}
```

保存代码并进行测试，运行效果如图 5-17 所示，表示任务完成。

◆ **第二阶段** ◆

练习 2：如图 5-18 所示，完成一个厚溥云音乐播放小程序，其功能如下。

(1) 完成音乐播放器首页页面效果。

(2) 完成音乐播放器首页音乐播放列表。

图 5-17　文章收藏功能运行效果

（3）单击音乐列表进入音乐播放页面，如图 5-19 所示。

图 5-18　音乐播放器首页效果

图 5-19　音乐播放页面

（4）完成音乐播放/暂停的控制。

（5）完成音乐播放，控制播放上一首歌曲和下一首歌曲。

【问题描述】

根据上文描述，音乐播放器小程序的页面有音乐列表的页面和音乐播放页面，在音乐列表页面主要实现音乐列表显示。在音乐播放页面，实现的功能包括音乐的播放、暂停、上一首、下一首歌曲的控制，以及对应的显示效果的控制。

【问题分析】

根据问题描述，厚溥云音乐小程序的核心功能是音乐播放控制功能，这里需要使用微信小程序中背景音频 BackgroundAudioManager 对象，其具体实现可以参考本单元 5.1 节中多页面背景音乐播放功能的实现步骤。

练习 3：实现从 swiper 组件跳转到文章详情页面功能。

【问题描述】

根据上文描述，在文章列表页面单击文章的轮播图跳转到对应文章的详情页面。

【问题分析】

根据问题描述，首先需要在 data.js 中对关于轮播数据的数据结构进行修改，使得轮播数据的每一项与文章关联起来，然后通过事件的 dataset 方式获取文章编号并传递到文章详情页面，最后读取对应的文章数据且显示到页面。

单元
六

电影首页功能体验

课程目标

项目目标

❖ 完成"发现"模块与"电影"模块的切换

❖ 实现显示电影首页功能

❖ 实现电影搜索功能

技能目标

❖ 掌握小程序选项卡与 switchTab 的使用

❖ 掌握自定义组件的使用

❖ 掌握从服务器加载数据(wx.request 发送 http/https 请求)的方法

素质目标

❖ 具有良好的自主学习能力与刻苦的求知精神

❖ 具有良好的表达能力及与人沟通的能力

❖ 能够敬岗爱业，培养有责任、有担当的良好职业素养

 简介

完成了"发现"模块的全部功能，在本单元将进入一个新的模块——"电影"模块，其功能类似"豆瓣影评"的小功能，与"发现"模块相比，所有的数据都来自豆瓣开发的 API。本单元的任务目标是完成文章模块与电影模块的页面切换功能、电影首页功能和电影搜索功能。通过完成这些功能掌握如何使用小程序中的 tab 选项卡，如何使用 wx.request 的方法获取服务器数据，同时掌握如何在微信小程序中使用自定义组件的相关内容。

在本单元中，重点学习获取服务器数据的相关技术，同时知道数据安全的重要性，更深入地理解党的报告中的"推进国家安全体系和能力现代化，坚决维护国家安全和社会稳定"的重要性，可以更好地应对大数据时代的挑战，确保国家安全和社会稳定，使我国经济持续发展，守护好每一个人的个人信息安全，为国家的繁荣稳定贡献自己的力量。

任务 6.1　模块切换机制：实现首页内容模块流畅切换

6.1.1　任务描述

1. 具体的需求分析

本节的主要任务是使用小程序提供的 tab 选项卡实现不同模块之间的切换，即完成贯穿项目的"发现"模块、"电影"模块、"我的"模块三大模块的切换。

2. 效果预览

完成本次任务，编译完成并运行进入项目首页，可以看到如图 6-1 所示的效果。

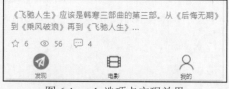

图 6-1　tab 选项卡实现效果

6.1.2 知识学习

本任务主要涉及的知识点为微信小程序 tab 选项卡的使用。

在小程序中，我们不需要自己编写代码实现 tab 选项卡的基础内容，小程序已经提供了现成的 tab 选项卡，只需要在 app.json 中配置即可实现选项卡的效果。

tab 选项卡的配置是通过在 app.json 文件中配置 tabBar 选项实现的。在实现项目的选项卡功能之前，先简单了解关于 tabBar 的配置属性，具体属性值如下：

(1) color：类型为 HexColor。tab 上的默认文字颜色，仅支持十六进制颜色。

(2) selectedColor：类型为 HexColor。tab 上的文字被选中时的颜色，仅支持十六进制颜色。

(3) backgroundColor：类型为 HexColor。tab 的背景色，仅支持十六进制颜色。

(4) borderStyle：类型为 string。tabBar 上边框的颜色，仅支持 black/white。

(5) list：类型为 Array。tab 的列表，只能配置 2~5 个 tab，后面会具体给出每个对象的属性。

(6) position：类型为 string。tabBar 的位置，仅支持 bottom/top。

(7) custom：类型为 boolean。是否自定义 tab，详细内容可以参考官方文档。

其中 list 属性是一个数组属性，只能配置 2~5 个 tab。tab 按数组的顺序排序，每个项都是一个对象，其属性值如下：

(1) pagePath：类型为 string。页面路径，必须在 pages 中先定义。

(2) text：类型为 string。tab 上的按钮文字。

(3) iconPath：类型为 string。图片路径，icon 大小限制为 40KB，建议尺寸为 81px×81px，不支持网络图片。当 position 为 top 时，不显示 icon。

(4) selectedIconPath：类型为 string。选中时的图片路径，icon 大小限制为 40KB，建议尺寸为 81px×81px，不支持网络图片。

当 position 为 top 时，不显示 icon。

其具体的属性使用方法可以参考图 6-2。

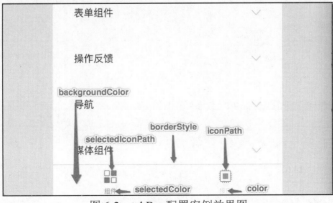

图 6-2　tabBar 配置案例效果图

6.1.3 任务实施

本任务主要完成项目多模块的切换功能。

对微信小程序的 tab 选项卡有基本的了解后，接下来将通过配置 app.json 文件中的 tab 选项卡来实现项目模块的切换功能，其主要实现步骤如下：

(1) 添加新的页面(在这里需要添加关于"电影"和"我的"两个页面文件)。

在配置 tab 选项卡之前，需要新建两个页面，即"电影"页面(movies 页面)和"我的"页面(profile 页面)。完成后，项目 pages 的文件目录如图 6-3 所示。

图 6-3　添加新页面后项目的目录结构

为了更好地区别不同模块，需要在不同页面.json 配置文件中配置模块的页面标题名称。例如，在 posts.json 文件中添加相关配置，代码如下：

```
{
  "usingComponents": {},
  "navigationBarTitleText": "发现"
}
```

(2) 添加配置。

在 app.json 中配置 tabBar 属性，代码如下：

```
"tabBar": {
    "borderStyle": "white",
    "selectedColor": "#4A6141",
    "color": "#333",
    "backgroundColor": "#fff",
    "position": "bottom",
```

```
    "list": [
      {
        "pagePath": "pages/posts/posts",
        "text": "发现",
        "iconPath": "images/icon/blog.png",
        "selectedIconPath": "images/icon/blog-actived.png"
      },
      {
        "pagePath": "pages/movies/movies",
        "text": "电影",
        "iconPath": "images/icon/movie.png",
        "selectedIconPath": "images/icon/movie-actived.png"
      },
      {
        "pagePath": "pages/profile/profile",
        "text": "我的",
        "iconPath": "images/icon/profile.png",
        "selectedIconPath": "images/icon/profile-actived.png"
      }
    ]
  },
```

需要注意的是，在对 list 属性配置 pagePath 时，配置的页面必须存在，同时配置路径时不需要在路径前加"/"符号。

由于 tab 选项卡在切换时有两种状态，因此在准备图标文件时，需要准备对应的两张图标的图片文件。

保存代码，进行测试，单击欢迎页面上的"开启小程序之旅"，页面没有任何反应，同时控制台也没有任务报错的信息。

(3) 修改页面路由调整的方式。

在前面的几个单元中，使用 navigateTo 方法和 redirectTo 方法实现页面路由跳转，但如果页面配置了 tabBar，则页面跳转效果失效。在这里需要使用小程序的 wx.switchTab (Object object)方法，其方法的功能为跳转到 tabBar 页面，并关闭其他所有非 tabBar 页面，其 Object 参数的使用基本与前面介绍的两种路由方法一样，修改 welcome.js 文件的 goToPostPage 方法，代码如下：

```
// 处理页面跳转函数
goToPostPage: function (event) {
  // switchTab 跳转到应用内的某个页面
  wx.switchTab({
    url: '../posts/posts',
    success: function () {
      console.log("gotoPost Success!");
    },
    fail: function () {
      console.log("gotoPost fail!");
```

```
    },
    complete: function () {
      console.log("gotoPost complete!");
    }
  })
```

保存代码，自动编译并重新运行，可以通过点击选项卡"发现""电影""我的"进行页面跳转，效果如图6-4所示。

在实际使用场景中，tab选项卡除了可以放在页面底部，也可以通过配置postion属性为"top"来设置在页面的顶部，修改app.json的tabBar配置，运行效果如图6-5所示。

图6-4　tab选项卡实现效果

图6-5　tab选项卡在顶部的效果

当tab设置在顶部显示时，选项卡的小图标就无法显示了。到目前为止，已经完成了项目中多模块的切换功能。

任务 6.2　完善首页功能：构建首页核心功能与布局

6.2.1　任务描述

1. 需求分析

本小节的任务是完成电影模块的电影首页显示功能，在电影模块中总有以下几个展示内容：

(1) 电影首页展示"正在热映""即将上映""豆瓣 Top250"三个模块，每个模块只展示前 3 部电影。

(2) 每个模块有一个"更多"按钮，点击将打开一个新页面，展示该类型的所有电影。

(3) 点击任意一部电影将打开电影详情页面。

(4) 在电影首页添加搜索电影功能。

完成电影模块的显示功能，需要使用微信小程序自定义组件相关技术点以及第三方自定义组件，同时电影模块的数据都是来自豆瓣电影开放的 API，因此还需要使用微信小程序 wx.request 的 API。

2. 效果预览

完成本次任务，编译完成并运行进入电影首页，可以看到如图 6-6 所示的效果。

图 6-6　电影页面显示效果

6.2.2　知识学习

1. 自定义组件的定义与使用

在前面的单元中我们使用小程序中的模板技术解决如何重复使用一个模块的内容，但小程序的模块有一个小小的遗憾，只能完成元素和样式的模块化，不能把 JavaScript 逻辑模块化。从小程序 1.63 的版本开始就支持简洁的组件化编程。开发者可以将页面内的功能模块抽象成自定义组件，以便在不同的页面中重复使用；也可以将复杂的页面拆分成多个低耦合的模块，有助于维护代码。自定义组件在使用时与基础组件非常相似。

在电影首页中，电影的显示内容、电影的评分内容、整体"正在热映"列表在不同的位置重复使用，我们都可以进行拆分，并自定义组件。

基于对电影首页的功能分析，可以把电影的显示与逻辑构建成一个独立的组件。一部电影主要分为三个内容，分别是：电影标题、电影图片、电影评分，接下来一步步实现电影 movie 自定义组件的构建，其实现步骤如下：

(1) 创建组件文件。

为了对项目中的组件进行统一管理，首先新建一个关于组件的目录"components"。然后定义电影 movie 自定义组件目录"movie"。接下来通过小程序开发工具，新建 movie 组件，操作如图 6-7 所示。

图 6-7　新建 movie 组件

新建 Components 和新建 Page 相似，开发者工具会自动生成对应的文件结构，如图 6-8 所示。

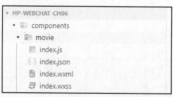

图 6-8　组件文件结构

每一个自定义组件中包含 js 文件、json 文件、wxml 文件、wxss 文件，这几个文件的作用和页面文件一致。在这里有一个推荐命名规则就是组件内的文件都使用 index 的文件名，但这不是强制的。

(2) 编写组件元素内容和样式。

自定义组件的展示与页面一样，需要自定义显示的内容和显示的样式，接下来在 movie 组件的 index.wxml 文件中添加电影显示的内容，代码如下：

```
<!-- 自定义电影 movie 组件 -->
<view class="movie-container">
 <!-- 电影图片 -->
 <image class="movie-img" src="{{movie.movieImagePth}}"></image>
 <!-- 电影标题 -->
 <text class="movie-title">{{movie.title}}</text>
 <!-- 电影评分 -->
 <view class="rate-container">
  <view class="stars">
   <image src="/images/icon/wx_app_star.png"></image>
   <image src="/images/icon/wx_app_star.png"></image>
   <image src="/images/icon/wx_app_star.png"></image>
   <image src="/images/icon/wx_app_star.png"></image>
   <image src="/images/icon/wx_app_star@half.png"></image>
  </view>
  <text class="score">9.5</text>
 </view>

</view>
```

整个电影组件主要包含电影图片、电影标题、电影评分三个部分，需要注意的是电影图片和标题引用电影 movie 组件的属性，index.js 的代码如下：

```
// components/movie/movie.js
Component({
 /**
  * 组件的属性列表
  */
 properties: {

  // 定义属性
  movie:Object
 },

 /**
  * 组件的初始数据
  */
 data: {

 },

 /**
  * 组件的方法列表
  */
 methods: {
 }
})
```

在创建组件文件时，工具自动生成组件 JavaScript 的代码核心内容，组件包含组件属性列表、组件的初始化数据和组件方法列表，在这里注意加粗的代码，为 movie 组件添加一个 movie 属性，类型为 Object。在 index.wxml 中 movie.movieImagePath 就是引用此属性的内容，至于 movie 对象，使用 movieImagePth 属性和 title 分别表示电影图片和标题。

接着在 movie 组件的 index.wxss 文件中添加电影组件样式，代码如下：

```
/* 整体电影信息 */
.movie-container {
  display: flex;
  flex-direction: column;
  padding: 0 22rpx;
  width: 200rpx;
}

/* 电影图片 */
.movie-img {
  width: 200rpx;
  height: 270rpx;
  padding-bottom: 20rpx;
}

/* 电影标题 */
.movie-title {
  margin-bottom: 16rpx;
  font-size: 24rpx;
}

/* 评分样式 */
.rate-container {
  display: flex;
  flex-direction: row;
  align-items: baseline;
}

.stars {
  display: flex;
  flex-direction: row;
  height: 17rpx;
  margin-right: 24rpx;
  margin-top: 6rpx;
}

.stars image {
  padding-left: 3rpx;
  height: 17rpx;
  width: 17rpx;
}
```

```
.score{
 margin-left:20rpx;
 font-size:24rpx;
}
```

以上基本完成了自定义组件的定义。

(3) 电影 movie 组件的使用。

自定义组件的使用基本与小程序内置组件的使用基本一致，不同的是自定义组件需要在使用之前进行声明。现在在 movies 页面使用 movie 组件，因此需要在 movies.json 中配置自定义组件，代码如下：

```
{
 "usingComponents": {
  "hp-movie":"/components/movie/index"
 },
 "navigationBarTitleText": "电影"
}
```

在这里定义组件的名称为 hp-movie，对应的路径就是组件所在的相对路径。

接下来，在 movies.wxml 文件中引用 movie 自定义组件，代码如下：

```
<view class="container">
 <hp-movie movie="{{movie}}"></hp-movie>
 <hp-movie movie="{{movie}}"></hp-movie>
 <hp-movie movie="{{movie}}"></hp-movie>
</view>
```

在 movie 组件中需要绑定 movie 对象属性，暂时使用静态数据进行测试，因此需要在 movies.js 的 onLoad 函数中加入数据绑定内容，代码如下：

```
/**
 * 生命周期函数：监听页面加载
 */
onLoad(options) {
 const movie = {
   "title": "幕后玩家",
   "movieImagePth": "/images/movie/move01.jpg",
   "stars": 3.6,
   "score": 8.5
 }

 this.setData({
  movie
 })

},
```

同时加入 movies 页面样式，代码如下：

```
.movies-container{
  display:flex;
  flex-direction: row;
}
```

保存代码，自动编译后，运行效果如图 6-9 所示。

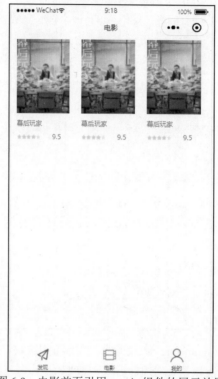

图 6-9　电影首页引用 movie 组件的展示效果

2. 使用第三方自定义组件

前面构建了自定义组件，但在实际的开发中除了自定义组件，小程序也允许使用第三方已经完成的自定义组件。接来使用 Lin UI 组件完成电影组件中评分相关的内容。通过这个过程介绍在微信小程序中使用第三方自定义组件的步骤。

Lin UI 是一套基于微信小程序原生语法实现的高质量 UI 组件库。遵循简洁、易用、美观的设计规范，官方网址为 https://doc.mini.talelin.com/。Lin UI 使用起来非常容易上手，接下来一步步介绍如何使用 Lin UI 来对自定义 movie 组件进行升级。

(1) 在项目中安装 Lin UI。

官方文档介绍了安装 Lin UI 的两种方式，第一种是使用 nmp 安装的方式，这也是官方推荐的方式；第二种是下载源码的方式。在这里将介绍使用 nmp 安装的方式。此时，需要提供 node 的开发环境(在这里就不介绍 node 开发环境的安装了)。

打开小程序的项目根目录，执行下面的命令：

```
npm init
```

执行结果如图 6-10 所示。

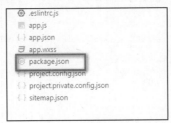

图 6-10　使用 npm 命令安装第三方组件

在安装过程中命令行中会以交互的形式让用户填写有关项目的介绍信息，可以耐心填完，也可以忽略，全部按回车键来快速完成项目初始化，如图 6-11 所示。

图 6-11　使用命令行交互界面

按照提示的步骤完成后，在项目中会生成 package.json 文件，如图 6-12 所示。

图 6-12　npm 初始化项目目录结构

这个操作与前端项目构建中安装其他组件几乎一样。但目前到为止我们仅仅做了项目初始化的工作，接下来使用如下命令完成对 Lin UI 的安装：

```
npm install lin-ui
```

执行成功后，会在根目录里生成项目依赖文件夹 node_modules/lin-ui，然后用小程序官方 IDE 打开小程序项目，找到工具选项，点击下拉菜单选择"构建 npm"，等待构建完成即可，如图 6-13 所示。

等待片刻，出现如图 6-14 所示的提示。

图 6-13　构建 npm 命令

图 6-14　npm 构建成功

出现图 6-14 所示的结果后，可以看到小程序 IDE 工具的目录结构里多出了一个文件夹 miniprogram_npm(之后所有通过 npm 引入的组件和 js 库都会出现在这里)，打开后可以看到 lin-ui 文件夹，也就是我们所需要的组件，如图 6-15 所示。

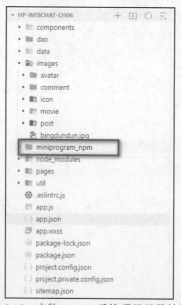

图 6-15　安装 Lin UI 后的项目目录结构

(2) 引用第三方组件。

安装完 Lin UI 后，只需要在引用的页面(自定义组件页面)中进行引用即可，由于我们在自定义 movie 组件使用 Lin UI，因此在 movie 组件对应的配置 index.json 中进行配置，代码如下：

```
{
 "component": true,
 "usingComponents": {
  "l-rate": "/miniprogram_npm/lin-ui/rate/index"
 }
}
```

在这里配置使用组件名(这里的名称推荐使用与组件名称相关的前缀)和对应组件路径。在使用 Lin UI 的评分组件之前，先给出评分组件的属性说明，如图 6-16 所示。

参数	说明	类型	可选值	默认值
count	评分组件元素个数	Number	-	5
score	默认选中元素个数	Number	-	0
size	图标元素大小	String	-	36
active-color	图标元素选中时颜色	String	-	#FF5252
inActive-color	图标元素未选中时颜色	String	-	#FFE5E5
name	图标元素类型	String	-	-
active-image	未选中状态下的图片资源	String	图片路径为绝对路径	-
inActive-image	未选中状态下的图片资源	String	图片路径为绝对路径	-
disabled	禁用评分组件	Boolean	true、false	false
item-gap	星星(元素)间距，单位 rpx	Number	-	10

图 6-16 Lin UI 评分组件属性说明

配置完成后，在页面使用第三方自定义组件(使用方法与使用自定义组件一样)，接下来修改 movie 组件对应的页面文件 index.wxml，代码如下：

```
<view class="movie-container">
 <image class="movie-img" src="{{movie.movieImagePth}}"/>
 <text class="movie-title">{{movie.title}}</text>
 <view class="rate-container">
  <view class="stars">
   <l-rate score="{{movie.stars}}" size="22" active-color="#FFDD55" inActive-color="#FFF5CE"/>
  </view>
  <text class="score">{{movie.score}}</text>
 </view>
</view>
```

注意加粗的代码为使用 Lin UI 的评分组件。这里 score 属性表示评分的分数，默认是五星评分，可以通过 count 属性进行设置。

保存代码，自动编译并运行，结果如图 6-17 所示。

图 6-17　加入评分组件的运行结果

3. 使用 wx.request 方法获取服务器数据

在文章模块中，所有的数据都来自本地缓存数据库，但在实际工作中，数据都来自服务器端。接下来将通过 http 请求获取电影数据，并加载到自定义组件中。

在微信小程序中使用 wx.request(Object)方法发送 http/https 请求，并接收服务器返回的请求结果。Object 主要参数如下：

(1) url：类型为 string。开发者服务器接口地址。

(2) data：类型为 string/object/ArrayBuffer。请求的参数。

(3) header：类型为 Object。设置请求的 header，header 中不能设置 Referer。content-type 默认为 application/json。

(4) method：类型为 string。http 请求方法。注意，method 的取值必须大写。

(5) timeout：类型为 number。超时时间，单位为毫秒。默认值为 60 000。

(6) dataType：类型为 string。返回的数据格式。

(7) success：类型为 function。接口调用成功的回调函数。

(8) fail：类型为 function。接口调用失败的回调函数。

(9) complete：类型为 function。接口调用完成的回调函数。

其中 success 回调函数的参数如下：

(1) data：类型为 string/Object/Arraybuffer。开发者服务器返回的数据。

(2) statusCode：类型为 number。开发者服务器返回的 HTTP 状态码。

(3) header：类型为 Object。开发者服务器返回的 HTTP Response Header。

(4) cookies：类型为 Array.<string>。开发者服务器返回的 cookies，格式为字符串数组。

接下来，在电影首页对 wx.request 进行测试，修改 movies.js 代码，具体代码如下：

```
onLoad() {
  const movie = {
    "title": "幕后玩家",
    "movieImagePth": "/images/movie/move01.jpg",
    "stars": 3.6,
    "score": 8.5
  }

  // 通过 http 请求获得服务器数据(数据以 json 格式返回)
  wx.request({
    url: 'http://t.talelin.com/v2/movie/in_theaters',
    data: {
      start: 1,
      count: 3
    },
    method: 'GET',
    header: { "content-type": "json" },
    success: (res) => {
      console.log(res);
    }
  })

  this.setData({
    movie
  })
},
```

上述的代码仅把发送的 http 请求返回的数据显示在控制台中，查看控制台数据，如图 6-18 所示。

图 6-18　调用 wx.request 方法的控制台消息

从控制台错误提示可知，我们的请求不合法。原因在于在微信小程序开发中默认情况不允许使用不安全的 http 请求，因此需要通知本地设置，如图 6-19 所示。

图 6-19　设置不合法域名

勾选"不校验合法域名、web-view(业务域名)、TLS 版本以及 HTTPS 证书"复选框后，重新编译执行，控制台的执行结果如图 6-20 所示。

```
▼{data: {…}, header: {…}, statusCode: 200, cookies: Array(0), errMsg: "request:ok"}
  ▶ cookies: []
  ▼ data:
    count: 3
    start: 1
    ▼ subjects: Array(3)
      ▼ 0:
        ▶ casts: (3) [{…}, {…}, {…}]
          comments_count: 540
        ▶ countries: ["中国大陆"]
        ▶ directors: [{…}]
        ▶ genres: (3) ["剧情", "悬疑", "犯罪"]
          id: 305
        ▶ images: {large: "https://img3.doubanio.com/view/photo/s_ratio_poster/public/p2518645794.jpg"}
          original_title: "幕后玩家"
        ▶ rating: {average: 6.9, max: 10, min: 0, stars: "35"}
          reviews_count: 49
          summary: "坐拥数亿财产的钟小年(徐峥 饰)意外遭人绑架,不得不在一位神秘人的操控下完 成一道道令人两难的选择题。在选择的过程中
          title: "幕后玩家"
          warning: "数据来源于网络整理,仅供学习,禁止他用。如有侵权请联系公众号: 小楼昨夜又秋风。我将及时删除。"
          wish_count: 11432
          year: 2018
        ▶ __proto__: Object
      ▶ 1: {casts: Array(3), comments_count: 508, countries: Array(1), directors: Array(1), genres: Array(2), …}
      ▶ 2: {casts: Array(3), comments_count: 42, countries: Array(2), directors: Array(1), genres: Array(4), …}
        length: 3
```

图 6-20　控制台的执行结果

在返回的 json 数据格式中，data:{count:3,start:1}表示返回数据的条数和开始索引，subjects 表示反馈电影列表信息数据，主要包含电影标题 title、电影图片 images、评分 rating。

目前已经通过发送 http 请求获得豆瓣 API 返回的数据，接下来需要处理反馈的电影数据，并通过数据绑定显示到电影首页。

首先修改 movie.js 中的代码，处理电影列表信息，代码如下：

```
/**
 * 页面的初始数据
 */
data: {
 movie: null,
 // 正在热映电影的绑定数据
 inTheaters: {},
},

/**
 * 生命周期函数：监听页面加载
 */
onLoad() {
 // 通过 http 请求获得服务器数据(数据以 json 格式返回)
 wx.request({
  url: 'http://t.talelin.com/v2/movie/in_theaters',
  data: {
   start: 1,
   count: 3
  },
  method: 'GET',
  header: { "content-type": "json" },
  success: (res) => {
   console.log(res.data);
   const httpData = res.data
   var movies = [];
   for (let i in httpData.subjects) {
    let subject = httpData.subjects[i];
    let title = subject.title;
    let stars = subject.rating.stars / 10;
    let score = subject.rating.average;
    console.log("starts:", stars);
    if (title.length >= 6) {
     // 设置标题的显示长度，超过 6 个字符进行截断，使用...代替
     title = title.substring(0, 6) + '...';
    }
    var temp = {
     title: title,
     stars: stars,
     score: score,
     movieImagePth: subject.images.large,
     movieId: subject.id
    }
```

```
            movies.push(temp);
            const bindData = {
              "categoryTitle": '正在热映',
              "movies": movies
            }
            this.setData({
              inTheaters:bindData
            });
          }
        }
      })
    },
```

接下来，修改 movies.wxml 中的代码，实现"正在热映电影列表"数据的绑定，代码如下：

```
<view class="movie-head">
  <text class="slogan">正在热映</text>
  <view class="more">
    <text class="more-text">更多</text>
    <image class="more-img" src="/images/icon/wx_app_arrow_right.png"></image>
  </view>
</view>
<view class="movies-container">
  <!-- <hp-movie movie="{{movie}}"></hp-movie>
  <hp-movie movie="{{movie}}"></hp-movie>
  <hp-movie movie="{{movie}}"></hp-movie> -->
  <block wx:for="{{inTheaters.movies}}"  wx:for-item="movie" wx:key="movieId">
    <hp-movie movie="{{movie}}"></hp-movie>
  </block>
</view>
```

同时在 movie.wxss 中添加样式代码，代码如下：

```
.movies-container{
  display:flex;
  flex-direction: row;
}

.movie-head {
  padding: 30rpx 20rpx 22rpx;
}

.slogan {
  font-size: 24rpx;
}

.more {
  float: right;
}
```

```
.more-text {
  vertical-align: middle;
  margin-right: 10rpx;
  color: #4A6141;
}

.more-img {
  width: 9rpx;
  height: 16rpx;
  vertical-align: middle;
}

.movies-container{
  display:flex;
  flex-direction: row;
}
```

保存代码，自动编译并运行，结果如图 6-21 所示。

图 6-21　完成"正在热映"电影列表图

以上就是使用微信小程序中 wx.request()的 API 实现电影列表的基本功能。

6.2.3 任务实施

完成对微信小程序自定义组件的定义与使用后,使用 wx.request 方法获取服务器的数据,接下来就开始正式完成电影首页列表的显示模块,其模块包含"正在热映""即将上映"和"豆瓣 Top250"三个部分,具体的实现步骤如下:

(1) 从服务器加载数据。

前面介绍 wx.request 方法的使用时,已经完成了从服务器获取"正在热映"的电影部分,基于分析很容易发现对应"即将上映"和"豆瓣 Top250"的部分与处理电影返回数据一样,只是请求的 URL 不一样,我们可以对获取服务器数据的部分进行封装,以满足不同需求。

为了满足不同类型的数据的绑定,需要在 movies.js 文件中添加数据绑定方法 bindMoviesDataByCategory,代码如下:

```
// 基于不同 url 对 http 请求,获得服务器数据并封装
bindMoviesDataByCategory(url, data, settedKey, categoryTitle) {
  // 通过 http 请求获得服务器数据(数据以 json 格式返回)
  wx.request({
    url: url,
    data: data,
    method: 'GET',
    header: {
      "content-type": "json"
    },
    success: (res) => {
      this.processMovieData(res.data, settedKey, categoryTitle);
    }
  })
},
```

同时添加一个处理电影数据的方法 processMovieData,代码如下:

```
// 处理电影首先显示电影数据
processMovieData(httpData, settedKey, categoryTitle) {

  console.log('httpData', httpData);
  var movies = [];
  for (let i in httpData.subjects) {
    let subject = httpData.subjects[i];
    let title = subject.title;
    let stars = subject.rating.stars / 10;
    let score = subject.rating.average;
    console.log("starts:", stars);
    if (title.length >= 6) {
      // 设置标题显示长度,超过 6 个字符进行截断,使用...代替
      title = title.substring(0, 6) + '...';
```

```
        }
      var temp = {
        title: title,
        stars: stars,
        score: score,
        movieImagePth: subject.images.large,
        movieId: subject.id
      }
      movies.push(temp);

    }
    var bindData = {};
    bindData[settedKey] = {
      "categoryTitle": categoryTitle,
      "movies": movies
    }
    this.setData(bindData);
  },
```

为了满足不同电影类型列表的数据绑定，在这里使用一种动态数据绑定 key 的方法。由于我们并不知道当前处理的是哪一种电影类型，因此将当前所处理的电影类型通过 settedKey 一路传递到 processMovieData 方法中，并通过 bindData[settedKey] 生成一个包含 settedKey 的 JavaScript 对象。

假设当前处理的数据是 inTheaters 类型，那么以上代码在最终调用 this.setData(bindData) 时相当于以下样式：

```
this.setData({
    inTheaters:{
            categoryTile:"正在热映",
              movies:movies
      }
})
```

这种写法在实际开发中其实是一种开发技巧，在复杂的业务中也会经常用到这种方法。为了匹配动态数据绑定，也需要修改 movies.js 的 data 属性，代码如下：

```
/**
 * 页面的初始数据
 */
data: {
 // 正在热映电影绑定数据
 inTheaters: {},
 // 即将上映电影绑定数据
 comingSoon: {},
 // 豆瓣排行绑定数据
 top250: {},
}
```

然后在 movies.js 的 onLoad 函数中进行调用，其代码如下：

```
// 绑定正在热映的电影数据
  this.bindMoviesDataByCategory("http://t.talelin.com/v2/movie/in_theaters", {
    start: 1,
    count: 3
  }, "inTheaters", "正在热映");
  // 绑定即将上映的电影数据
  this.bindMoviesDataByCategory("http://t.talelin.com/v2/movie/coming_soon", {
    start: 1,
    count: 3
  }, "comingSoon", "即将上映");
  // 绑定 Top250 的电影数据
  this.bindMoviesDataByCategory("http://t.talelin.com/v2/movie/top250", {
    start: 0,
    count: 3
  },"top250" ,"豆瓣 Top250");
```

（2）自定义 movie-list 组件。

基于对组件的理解，一个电影显示可以定义为一个组件，同样的逻辑，电影页面中三个部分的内容非常相似，可以把每个部分自定义成一个组件，这样在页面中调用就更加方便了。

把这个"整体"的部分定位为组件，就涉及自定义组件嵌套，其实现步骤与自定义组件的步骤一样。

首先在"components"目录中新建 movie-list 目录，并新建组件，命名为 index，完成后的目录结构如图 6-22 所示。

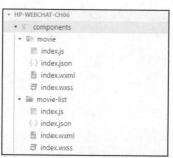

图 6-22　添加 movie-list 组件的目录结构

接下来完成组件的内容。由于 movie-list 组件内部需要引用 movie 组件，因此首先为 movie-list 组件中的 index.json 配置 movie 组件，代码如下：

```
{
  "component": true,
  "usingComponents": {
    "hp-movie":"/components/movie/index"
  }
}
```

基于对 movie-list 组件需求的分析，可知需要为 movie-list 添加两个属性，代码如下：

```
Component({
 /**
  * 组件的属性列表
  */
 properties: {
  title:{
    type:String,
    value:"
  },
  movieList:{
    type:Array,
    value:[]
  }
 },

 /**
  * 组件的初始数据
  */
 data: {

 },

 /**
  * 组件的方法列表
  */
 methods: {

 }
})
```

movie-list 组件页面元素的代码如下：

```
<view class="movie-list-container">
  <view class="movie-head">
   <text class="slogan">{{title}}</text>
   <view class="more" data-category="{{title}}">
    <text class="more-text">更多</text>
    <image class="more-img" src="/images/icon/wx_app_arrow_right.png"></image>
   </view>
  </view>
  <!-- 单个栏目中显示的电影列表 -->
  <view class="movies-container">
   <!-- 每个电影信息 -->
   <block wx:for="{{movieList}}" wx:for-item="movie" wx:key="movieId">
    <!-- 使用自定义组件 -->
    <hp-movie movie="{{movie}}"></hp-movie>
```

```
    </block>
  </view>
</view>
```

这里需要注意,在显示电影列表时,需要使用 movie-list 属性中 movieList 这个"形参",最后在引用的页面传入实际参数,这是组件嵌套的关键。

movie-list 组件页面对应样式的代码如下:

```
.movie-list-container {
  background-color: #fff;
  display: flex;
  flex-direction: column;
  margin-bottom: 30rpx;
}

.movie-head {
  padding: 30rpx 20rpx 22rpx;
}

.slogan {
  font-size: 24rpx;
}

.more {
  float: right;
}

.more-text {
  vertical-align: middle;
  margin-right: 10rpx;
  color: #4A6141;
}

.more-img {
  width: 9rpx;
  height: 16rpx;
  vertical-align: middle;
}

.movies-container{
  display:flex;
  flex-direction: row;
}
```

(3) 在 movies 页面引用 movie-list 组件。

完成自定义 movie-list 组件构建后,接下来需要在电影页面中引用 movie-list 组件。在使用页面之前,对组件进行声明,代码如下:

```
{
  "usingComponents": {
    "hp-movie":"/components/movie/index",
    "hp-movieList":"/components/movie-list/index"
  },
  "navigationBarTitleText": "电影"
}
```

接下来，在页面中使用组件，代码如下：

```
<view class="container">
  <!--电影栏目列表-->
  <view class="movie-container">
  <!--单个栏目电影列表(正在热映)-->
  <hp-movieList bind:tap="onGotoMore" data-type="in_theaters" title="{{inTheaters.categoryTitle}}"
    movieList="{{inTheaters.movies}}"></hp-movieList>
  <!--单个栏目电影列表(即将上映)-->
  <hp-movieList bind:tap="onGotoMore" data-type="coming_soon" title="{{comingSoon.categoryTitle}}
    " movieList="{{comingSoon.movies}}"></hp-movieList>
  <!--单个栏目电影列表(豆瓣 top250)-->
  <hp-movieList bind:tap="onGotoMore" data-type="top250" title="{{top250.categoryTitle}}" movieList
    ="{{top250.movies}}"></hp-movieList>
  </view>
</view>
```

为了显示效果，还需要修改 movie.wxss 文件的样式，代码如下：

```
.container {
  background-color: #f2f2f2;
}
```

从上面的示例代码中，可以看到原有的样式内容已经调整到 movie-list 组件样式代码中，这里仅仅是添加一个背景显示。

基于 movie-list 组件来构建电影页面首页的内容看起来简单了很多，同时不同模块的结构更加清晰。

最后在 app.json 文件中配置导航的背景颜色，代码如下：

```
"window": {
  "backgroundColor": "#F6F6F6",
  "backgroundTextStyle": "light",
  "navigationBarBackgroundColor": "#d43c33",
  "navigationBarTitleText": "厚溥微信小程序",
  "navigationBarTextStyle": "white"
}
```

保存代码，自动编译并运行，效果与之前的预览效果一样。到目前为止，已经完成电影页面的电影影片展示功能。

任务 6.3 影片搜索：开发高效的电影搜索工具

6.3.1 任务描述

1. 具体的需求分析

在电影首页中，我们已经实现了电影三个模块的列表显示，为了让用户在电影首页快速找到自己喜欢的电影，本小节的任务是添加一个电影影片搜索的功能，其业务逻辑非常简单，在搜索框中输入要搜索的电影名称，然后将在当前页面显示搜索结果。在这里我们并没有选择使用一个新的页面完成此电影搜索功能，电影的搜索位于电影首页。当用户进行搜索并显示搜索结果时，电影首页的资讯信息被隐藏；相反，当退出电影搜索时，电影搜索面板被隐藏，而电影资讯被显示。

图 6-23 电影搜索效果图

2. 效果预览

完成本次任务后，进入电影首页，在搜索框中输入"爱你"关键字，可以看到如图 6-23 所示的效果。

6.3.2 任务实施

基于对电影搜索功能的需求分析，我们可以把电影影片搜索功能的实现过程分为以下步骤：

(1) 在电影首页添加电影搜索的搜索框，其中搜索框中包括搜索图标、输入框、搜索退出按钮。

(2) 当用户点击退出搜索按钮，处理电影搜索的面板将隐藏，同时显示电影资讯的面板出现。

(3) 当用户输入并确定后，处理关键字的请求，且把获得的数据列表显示在电影首页中，同时还需要处理原有的电影资讯的隐藏。

基于对电影搜索功能的业务分析，接下来开始编码完成此功能，具体步骤如下：

(1) 实现电影首页搜索页面效果。

首先修改 movies.js 中 page 的 data 属性，添加 4 个变量属性，代码如下：

```
data: {
 movie: null,
 // 正在热映电影绑定数据
 inTheaters: {},
 // 即将上映电影绑定数据
 comingSoon: {},
 // 豆瓣排行绑定数据
 top250: {},

 // 搜索面板是否显示
 searchPanelShow: false,
 // 电影首页的资讯页面是否显示
 containerShow: true,
 // 搜索显示结果
 searchResult: {},
 // 输入框的内容
 inputValue: ''
},
```

注意加粗的代码为新添加的代码，变量 searchPanelShow 控制是否显示退出搜索按钮；变量 containerShow 控制是否显示电影首页资讯面板；变量 searchResult 绑定搜索结果；变量 inputValue 用于绑定输入框的输入内容。

接下来，在 movies.wxml 中添加电影搜索框的内容，代码如下：

```
<!--搜索输入框-->
<view class="search">
  <icon type="search" class="search-img" size="13" color="#405f80"></icon>
  <input type="text" placeholder="乘风破浪、西游伏妖篇
" placeholder-class="placeholder" bindfocus="onBindFocus" value="{{inputValue}}" bindconfirm="onBindConfirm" />
  <image wx:if="{{searchPanelShow}}" src="/images/icon/wx_app_xx.png" class="xx-img" catchtap="onCancelImgTap"></image>
</view>
```

同时，在 movies.wxss 中添加电影搜索框的样式内容，代码如下：

```
/* 电影搜索框样式 */

.search {
 background-color: #f2f2f2;
 height: 80rpx;
 width: 100%;
 display: flex;
 flex-direction: row;
}

.search-img {
 margin: auto 0 auto 20rpx;
```

```
      }

      .search input {
        height: 100%;
        width: 600rpx;
        margin-left: 20px;
        font-size: 28rpx;
      }

      .placeholder {
        font-size: 14px;
        color: #d1d1d1;
        margin-left: 20rpx;
      }

      .search-panel{
        position:absolute;
        top:80rpx;
      }

      .xx-img{
        height: 30rpx;
        width: 30rpx;
        margin:auto 0 auto 10rpx;
      }

      .search-container{
        display: flex;
        flex-direction: row;
        flex-wrap: wrap;
        padding: 30rpx 0rpx;
        justify-content: space-between;
      }

      .search-container::after{
        content:'';
        width:200rpx;
      }
```

保存代码，自动编译并运行。

(2) 处理用户激活搜索框与退出搜索。

用户完成电影搜索时，首先激活 input 搜索栏准备输入关键字开始搜索。我们需要显示搜索面板并隐藏电影资讯面板,需要完成已经注册组件的 onBindFocus 事件,在 movies.js 中添加 onBindFocus 事件响应方法,代码如下:

```
// 获得输入焦点，隐藏电影资讯面板，显示取消搜索按钮(等待用户输入内容)
onBindFocus() {
```

```
    console.log("===onBindFocus=====");
    // 设置取消按钮显示，并取消 Movie-list 显示容器
    this.setData({
      // 控制取消按钮
      searchPanelShow: true,
      // 控制搜索结果容器是否显示
      containerShow: false,
    });
  },
```

保存代码并运行后，当激活 input 组件将执行 onBindFocus 函数，隐藏电影资讯面板，并显示搜索面板，以备用户输入，如图 6-24 所示。

图 6-24　激活 input 组件的显示效果

单击图 6-24 中 input 搜索框右边的取消图标，可以关闭搜索面板并再次打开电影资讯面板。在 movies.js 中为取消按钮添加处理方法 onCancelImgTap，其代码如下：

```
// 点击取消，显示电影资讯面板，初始化搜索框状态
onCancelImgTap(event) {

  this.setData({
    containerShow: true,
    searchPanelShow: false,
    searchResult: {},
    inputValue: "
  })
}
```

上面的代码同时实现了 input 组件的初始化，等待用户下次输入内容。

(3) 处理用户输入搜索关键字进行搜索。

当用户输入关键字并按回车键或点击真机上的"完成"按钮后，小程序将触发 input 的 bindconfirm 事件，并执行已经注册在 input 的事件方法 onBindConfirm。在 movies.js 文件中添加 onBindConfirm 方法，代码如下：

```
// 处理搜索结果(隐藏电影资讯面板，显示搜索取消按钮，绑定搜索数据到页面显示)
onBindConfirm (event) {
```

```
          console.log("===onBindConfirm=====");

          // 设置页面搜索标签为 true
          this.setData({
           // 控制取消按钮
           searchPanelShow: true,
           // 控制是否显示搜索结果容器
           containerShow: false,
          });

          // 获得搜索关键字
          var keyWord = event.detail.value;
          var searchUrl = "http://t.talelin.com/v2/movie/search?";
          this.bindMoviesDataByCategory(searchUrl,{"q":keyWord}, "searchResult", "");
         }
```

在上面的代码中，调用之前封装的方法 bindMoviesDataByCategory，一方面依然使用动态绑定数据的方式，另一方面搜索 API 的提交数据字符串为"q"，值为用户输入的内容。

搜索的数据通过变量对"searchUrl"进行数据绑定，因此需要在页面中添加数据显示的内容，在电影首页显示页面 movies.wxml 文件并添加相关内容，其代码如下：

```
<view class="container">

 <!--搜索输入框-->
 <view class="search">
  <icon type="search" class="search-img" size="13" color="#405f80"></icon>
  <input type="text" placeholder="乘风破浪、西游伏妖篇
" placeholder-class="placeholder" bindfocus="onBindFocus" value="{{inputValue}}" bindconfirm="onBindConfirm" />
  <image wx:if="{{searchPanelShow}}" src="/images/icon/wx_app_xx.png" class="xx-img" catchtap="onCancelImgTap"></image>
 </view>

 <!--电影栏目列表-->
 <view class="movie-container" wx:if="{{containerShow}}">
  <!--单个栏目电影列表(正在热映)-->
  <hp-movieList bind:tap="onGotoMore" data-type="in_theaters" title="{{inTheaters.categoryTitle}}" movieList="{{inTheaters.movies}}"></hp-movieList>
  <!--单个栏目电影列表(即将上映)-->
  <hp-movieList bind:tap="onGotoMore" data-type="coming_soon" title="{{comingSoon.categoryTitle}}" movieList="{{comingSoon.movies}}"></hp-movieList>
  <!--单个栏目电影列表(豆瓣 top250)-->
  <hp-movieList bind:tap="onGotoMore" data-type="top250" title="{{top250.categoryTitle}}" movieList="{{top250.movies}}"></hp-movieList>
 </view>

 <!--电影搜索显示模块-->
```

```
<view class="search-container" wx:else>
  <block wx:for="{{searchResult.movies}}" wx:for-item="movie" wx:key="movieId">
    <hp-movie movie="{{movie}}"></hp-movie>
  </block>
</view>
</view>
```

电影搜索功能的编码全部完成，保存代码并运行，可以发现结果与预览的图一致。

思政讲堂

数字海洋里，做个人信息安全的守护者

党的二十大报告指出，要坚持以人民安全为宗旨、以政治安全为根本、以经济安全为基础、以军事科技文化社会安全为保障、以促进国际安全为依托，统筹外部安全和内部安全、国土安全和国民安全、传统安全和非传统安全、自身安全和共同安全，统筹维护和塑造国家安全，夯实国家安全和社会稳定基层基础，完善参与全球安全治理机制，建设更高水平的平安中国，以新安全格局保障新发展格局。

电影《孤注一掷》的热映，曾在全网掀起一股反诈热潮。网络赌博、投资理财、刷单返利、婚恋交友……如今电信网络诈骗手段不胜枚举，造成的恶果让人触目惊心。作为电信网络诈骗的上游犯罪，侵犯公民个人信息的犯罪无疑处于源头位置。

随着数字经济时代的到来，近年来，以侵犯公民个人信息为目标的案件呈迅速增长态势。据统计，2020年以来，我国公安机关累计侦破侵犯公民个人信息违法犯罪案件3.6万起，抓获犯罪嫌疑人6.4万名，破获案件数量和抓获人数连续突破新高。医疗、教育、房地产、物流、电商……此类案件涉及的领域愈发广泛。同时，以公民个人信息为核心，滋生出电信诈骗、骚扰电话、抢号抢票、网络水军、"人肉搜索"及"薅羊毛"等一系列让人深恶痛绝的黑灰产业。

【案例1】自称为了"好玩"，沈某竟非法查询并下载保存了1100余份征信报告。让沈某后悔莫及的是，他直接把自己"送进"了监狱——法院以侵犯公民个人信息罪判处沈某有期徒刑1年，并处罚金4000元。

沈某原是一家国际信托公司的项目经理。通过公司的终端机，沈某数次非法登录某银行个人征信系统，查询并下载保存他人征信报告共计100份。在被警方抓获归案后，沈某如实供认了犯罪事实。让人意想不到的是，早在2013年至2014年间，沈某就已经采取同样的作案手段，查询并下载保存了他人征信报告1000余份。鉴于沈某到案后能如实供述罪行，当庭认罪悔罪，法院依法作出了从轻处罚的判决。

【说法】个人征信被称为公民的"经济身份证"，影响老百姓的出行、贷款、就业等方方面面。2017年，最高人民法院、最高人民检察院联合出台《关于办理侵犯公民个人信息刑事案件适用法律若干问题的解释》(以下简称《解释》)，将征信信息列为高度敏感信息，非法获取、出售或提供50条该类信息即可入罪。

"涉案公民个人信息类型中，高度敏感信息占比突出。"北京市高级人民法院副院长孙玲玲告诉记者，2018年以来，北京各级法院审结侵犯公民个人信息犯罪案件219件，其中24.6%的案件涉及高度敏感信息，包括征信信息、行踪轨迹信息、通信内容和财产信息；9.9%的案件涉及敏感信息，包括住宿信息、通信记录、健康生理信息、交易信息等其他可能影响人身、财产安全的公民个人信息。

根据《解释》，非法获取、出售或提供高度敏感信息50条以上、敏感信息500条以上或其他个人信息5000条以上的，即构成"情节严重"，触犯刑法修正案(九)所规定的侵犯公民个人信息罪。近年来，因高度敏感信息泄露而引发的恶性事件时有发生，不仅侵犯了被害人的权益，对社会公众的心理也造成不小冲击。

在侵犯公民个人信息犯罪案件中，涉案信息的规模日趋庞大。据北京高院统计，在179起侵犯公民个人信息罪的一审案件中，除17起案件依据犯罪所得定案外，其余162起均以信息条数作为定罪量刑的主要依据。其中，超过半数的案件信息数量超过5万条，约1/4的案件信息数量超过50万条，少数案件查获的信息多达数百万、数千万条，甚至过亿条。

公安部网络安全保卫局相关专家介绍，犯罪分子获取个人信息数据主要有骗取信息、盗窃信息、内鬼泄露、非法采集、倒卖信息、变造信息6种手法。有的利用"地面推广"、假冒身份等手法，骗取公民个人信息，如乡村地区流行的扫码送礼物、协助激活电子医保卡，以及冒充电商客服、冒充公安民警骗取个人信息等；有的利用黑客技术盗取公民个人信息，如利用木马病毒、钓鱼网站、渗透工具、网络爬虫等；有的厂商利用产品非法采集公民个人信息，主要涉及一些App、机顶盒、手机、智能手表等的供应链厂商；有的则采取收买或交换公民个人信息的方式，如利用兼职形式从社会闲散人员处收买身份证、银行卡、人脸识别等信息。

【案例2】胡某以某科技公司的名义，向一家通信运营商申请批量办理手机号。其通过张某雇佣他人作为经办人，有偿使用张某提供的他人身份证件办理上述业务。运营商营业厅的工作人员任某、鲁某明知上述公司办理的手机号涉嫌诈骗，仍予以办理。经查，办理的手机号后被用于电信网络诈骗，金额共计170余万元。同时，胡某非法从他人处获取工号、密码办理大量手机号，用于电信网络诈骗。

法院判决胡某犯侵犯公民个人信息罪和帮助信息网络犯罪活动罪，决定执行有期徒刑4年，并处罚金12万元；张某犯侵犯公民个人信息罪，判处有期徒刑2年，并处罚金2万元；任某、鲁某犯帮助信息网络犯罪活动罪，各判处有期徒刑1年，并处罚金1万元。

【说法】电信网络诈骗，是最常见的侵犯公民个人信息行为的下游犯罪。审理本案的法官表示，本案中，各被告人共同实施了多次内外勾连、上下游配合的侵犯公民个人信息以及帮助电信网络诈骗的行为，造成了大量被害人财产损失。法院依法从严惩处本案，体现了人民法院加强对电信网络诈骗犯罪上游信息采集、提供、倒卖等环节犯罪行为的全链条打击。

据介绍，北京法院审理的侵犯个人信息犯罪案件，涵盖金融、教育、交通、通信、物流、法律等众多行业。排除买卖、交换等中间环节，39.6%的涉案信息被用于违法甚至犯罪活动，如违规提取公积金或办理信用卡、同行不正当竞争、代收代写学术论文、暴力催收讨债、发送招嫖信息、电信网络诈骗、盗窃存款、敲诈勒索、绑架、故意伤害等。还有部分案件由所谓"私家侦探"通过跟踪拍摄、关系查询等方式定向追踪个人，调查特定公民信息。

"整体来看，侵犯公民个人信息已成为大量涉网违法犯罪的上游犯罪。"公安部网络安全保卫局相关专家表示，非法获取信息的最终用途，一方面是为网络水军、网络洗钱等犯罪活动提供银行卡、虚拟身份等物料支撑；另一方面是为电信网络诈骗、敲诈勒索等提供精准靶心。公安机关开展上溯源头、下追买家的全链条打击，并同步跟进"一案双查"，对互联网企业平台严管严查，坚决遏制侵犯公民个人信息违法犯罪蔓延趋势。如针对快递信息泄露引发电信网络诈骗问题，公安部会同中央网信办、国家邮政局联合开展邮政快递领域个人信息泄露治理专项行动，其间共侦破窃取、贩卖快递信息案件 206 起。

打击整治侵犯公民个人信息违法犯罪，需全民参与、社会共治。孙劲峰表示，公众要提高个人信息保护意识，不给犯罪分子可乘之机；有关企业要提高责任意识，落实安全保护措施，规范信息采集和使用范围；相关从业者要树立法律意识、敬畏意识，不要违规收集、倒卖公民个人信息。

可以看到，我国在推进国家安全体系和能力现代化，坚决维护国家安全和社会稳定方面，对数据安全的重视和行动是不可忽视的。只有通过加强数据安全保护、完善法律法规、加强国际合作等措施，我们才能更好地应对大数据时代的挑战，确保国家安全和社会稳定，使经济持续发展。

(参考文献：靳昊，王艺璇. 数字海洋里，做个人信息安全的守护者[N]. 光明日报，2023-9-11)

单元小结

- 通过在 app.json 文件中配置 tarBar 选项可以实现微信小程序 tab 选项卡的功能。
- 在微信小程序除了使用模板技术，还可以使用自定义组件将复杂页面拆分成多个低耦合的模块。
- 在微信小程序中除了自定义组件，还可以使用第三方自定义组件，同时组件之间可以嵌套使用。
- 在微信小程序中使用 wx.request 方法发送 http/https 请求，获取服务器的数据。
- 实现不同模块的切换功能。
- 实现电影首页电影列表的显示功能。
- 实现电影影片的搜索功能。

单元自测

1. 微信小程序 tabBar 的配置中，常用的属性包含(　　)。
   A. color　　　　　　　　　　B. selectedColor
   C. list　　　　　　　　　　　D. Position

2. 下列选项中关于微信小程序自定义组件，说法不正确的是(　　)。

    A. 小程序中的组件在旧版本(1.63 版本之前)中不支持，只能使用模板方式实现内容模块化

    B. 在小程序中可以自定义组件，同时也可以使用第三方组件，并且可以嵌套使用

    C. 在小程序中自定义的使用与内置使用基本一样，仅仅做自定义组件的注册配置就可以使用

    D. 在小程序的自定义组件中不能嵌套使用第三方组件

3. 以下关于 wx.request(Object)属性描述，正确的是(　　)。

    A. 可以发起 HTTPS 请求

    B. URL 可以带端口号

    C. 返回的 complete 方法，只有在调用成功之后才会执行

    D. header 中可以设置 Referer

4. 关于 wx.request(Object)使用方法，描述不正确的是(　　)。

    A. 可以发送 http 请求也可以发送 https 请求

    B. 可以通过 success 回调方法参数中的 data 属性获得开发者服务器的数据

    C. 方法发送的请求默认的超时时间为 60 000 毫秒

    D. 该方法必须通过设置 head 中 content-type 为 application/json 来获得 json 格式的数据

5. 小程序网络 API 在发起网络请求时使用(　　)格式的文本进行数据交换。

    A. XML   B. JSON

    C. TXT   D. PHP

 上机实战

上机目标

- 掌握微信小程序自定义组件的使用。
- 掌握微信小程序第三方自定义组件的使用。

上机练习

◆ 第一阶段◆

练习 1：使用自定义组件的方式替换文章列表页面的模板。

【问题描述】

(1) 完成文章自定义组件的创建。

(2) 在文章页面中使用自定义组件。

【问题分析】

根据上面的问题描述，把文章列表的模板内容(元素、样式、逻辑)整体定义为组件，然后在文章页面引用文章组件，就可以实现整体功能。

【参考步骤】

(1) 在 components 目录中创建 post-item 组件，并为组件设置 post 属性，代码如下：

```
// post 自定义组件
component({
 /**
  * 组件的属性列表
  */
 properties: {
    // 定义文章属性
    post:Object
 },

 /**
  * 组件的初始数据
  */
 data: {

 },

 /**
  * 组件的方法列表
  */
 methods: {

 }
})
```

(2) 为 post-item 组件设置显示内容和样式。

首先为 post-item 组件中的 index.wxml 文件添加元素显示的内容，代码如下：

```
<!-- 文章自定义组件 -->
<view class="post-container">
 <!--文章作者的图像与日期-->
 <view class="post-author-date">
  <image src="{{post.avatar}}" />
  <text>{{post.date}}</text>
 </view>
 <!-- 标题 -->
 <text class="post-title">{{post.title}}</text>
 <!-- 文章图片 -->
 <image class="post-image" src="{{post.postImg}}" mode="aspectFill" />
 <!-- 文章内容 -->
```

```
<text class="post-content">{{post.content}}</text>
<!-- 文章评论、搜索、点餐 -->
<view class="post-like">
 <image src="/images/icon/wx_app_collect.png" />
 <text>{{post.collectionNum}}</text>
 <image src="/images/icon/wx_app_view.png"></image>
 <text>{{post.readingNum}}</text>
 <image src="/images/icon/wx_app_message.png"></image>
 <text>{{post.commentNum}}</text>
</view>
</view>
```

为 post-item 组件中的 index.wxss 文件添加样式代码，代码如下：

```
/* 设置文章列表样式 */
.post-container {
 flex-direction: column;
 display: flex;
 margin: 20rpx 0 40rpx;
 background-color: #fff;
 border-bottom: 1px solid #ededed;
 border-top: 1px solid #ededed;
 padding-bottom: 5px;
}

/* 文章作者图片与日期样式 */
.post-author-date {
 margin: 10rpx 0 20rpx 10px;
 display: flex;
 flex-direction: row;
 align-items: center;
}

/* 文章作者图片样式 */
.post-author-date image {
 width: 60rpx;
 height: 60rpx;
}

/* 文章作者文本样式 */
.post-author-date text {
 margin-left: 20px;
}

/* 文章图片样式 */
.post-image {
 width: 100%;
 height: 340rpx;
```

```
    margin-bottom: 15px;
  }

  /* 文章日期样式 */
  .post-date {
    font-size: 26rpx;
    margin-bottom: 10px;
  }

  /* 文章标题样式 */
  .post-title {
    font-size: 16px;
    font-weight: 600;
    color: #333;
    margin-bottom: 10px;
    margin-left: 10px;
  }

  /* 文章内容样式 */
  .post-content {
    color: #666;
    font-size: 26rpx;
    margin-bottom: 20rpx;
    margin-left: 20rpx;
    letter-spacing: 2rpx;
    line-height: 40rpx;
  }

  .post-like {
    display: flex;
    flex-direction: row;
    font-size: 13px;
    line-height: 16px;
    margin-left: 10px;
    align-items: center;
  }

  .post-like image {
    height: 16px;
    width: 16px;
    margin-right: 8px;
  }

  .post-like text {
    margin-right: 20px;
  }
```

```
text {
  font-size: 24rpx;
  font-family: Microsoft YaHei;
  color: #666;
}
```

(3) 在文章列表页面引用自定义组件。

首先在文章列表 posts.json 中添加配置引用自定义组件，代码如下：

```
{
  "usingComponents": {
    "hp-post-item":"../../components/post-item/index"
  },
  "navigationBarTitleText": "文字"
}
```

修改 posts.wxml 中的代码，把原模板相关代码替换为组件引用的代码，具体代码如下：

```
<!-- 文章列表 -->
  <block wx:for="{{postList}}" wx:for-item="post" wx:for-index="idx" wx:key="postId">
    <view catchtap="goToDetail" id="{{post.postId}}" data-post-id="{{post.postId}}">
      <hp-post-item  post="{{post}}"></hp-post-item>
    </view>
  </block>
```

◆ 第二阶段◆

练习 2：使用第三方组件 Lin UI 实现在欢迎页面获取当前用户图像和昵称信息的功能。

【问题描述】

使用第三方组件 Lin UI 的 avatar 组件实现欢迎页面当前用户图像和昵称信息的显示。

【问题分析】

根据问题描述，使用第三方组件 Lin UI 完成，具体步骤参考任务二中关于"使用第三方自定义组件"的操作步骤来完成。

单元 七

电影世界的深度挖掘

课程目标

项目目标

❖ 实现"更多"电影页面的功能

❖ 实现刷新电影页面与加载更多(分页显示)功能

❖ 实现电影详情页面的功能

技能目标

❖ 掌握封装 http 请求 API 的使用

❖ 掌握下拉页面刷新数据和上滑加载更多数据 API 的使用

素质目标

❖ 具有良好的承受挫折的韧性与抗压能力

❖ 具有良好的创新能力与创新精神

❖ 具有良好的自主学习能力

简介

在上一单元中我们的任务已经进入到一个新的模块，即电影模块，同时完成了电影首页包含的功能和电影搜索的功能。在本单元中我们依然基于电影模块进一步完善电影模块的功能。本单元的任务如下：完成"更多"电影页面；完成刷新电影页面与加载(分页显示)；完成电影详情页面。在完成这些任务的同时掌握如何在微信小程序中对 http 请求的 API 进行封装，以及在微信小程序中实现页面下拉刷新和下滑加载 API 的使用。本单元没有新的知识点，主要是对原有知识进行更加深入的应用。

通过思政内容，学习华为的自主创新精神，增强科技自立自强的意识，不断提升自身的科技创新能力和核心技术实力，为国家的科技自立自强贡献力量。同时，关注国际形势的变化，增强国际合作的意识，拓展多元化的发展路径，共同构建开放、包容、合作、共赢的国际科技创新环境。

任务 7.1　电影集合展示：实现"更多"电影页面功能

7.1.1　任务描述

1. 具体的需求分析

在电影首页分别展示三种类型的电影列表，如果用户需要查看某种类型的全部电影，可以点击对应类型的"更多"链接来显示全部内容，由于需要在一个新的页面中显示，因此需要创建新页面。本任务的工作内容如下：

(1) 从电影首页跳转到更多电影的页面。

(2) 使用自定义组件的方式显示更多电影数据。

(3) 对微信小程序 wx.request 发送 http/http 的请求方法进行封装。

2. 效果预览

完成本次任务，编译完成并运行进入电影首页，点击对应电影类型的"更多"按钮，进入对应更多电影的页面，结果如图 7-1 所示。

图 7-1 "更多电影"的最终结果

7.1.2 任务实施

基于对电影页面的"更多"电影的需求分析，总结实现此页面功能的步骤，具体内容如下：

(1) 新建"更多"电影页面，完成从电影首页跳转到更多页面。

在项目的 pages 目录下新建 more-movie 目录，然后在此目录下新建目录文件，完成后的目录结构如图 7-2 所示。

图 7-2 创建 more-movie 页面后的目录结构

接下来，需要在电影首页的 movies.js 文件中添加页面跳转方法 onGotoMore，代码如下：

```
// 跳转到更多电影页面
onGotoMore(event) {
  console.log('ongGotoMore', event);
  const category = event.currentTarget.dataset.type;
  // 路由到更多页面
  wx.navigateTo({
    url: '/pages/more-movie/more-movie?category=' + category,
  })
},
```

在这里需要注意的是，在电影首页有三个"更多"对应不同的模块，跳转到更多页面需要显示不同模块的内容，因此需要在页面跳转时带上关于"更多"类型的查询字符串，这样在处理更多页面时，就会更加方便。

保存并运行代码，测试页面跳转成功。

(2) 使用自定义组件构建"更多"电影页面框架与样式。

更多电影页面主要显示电影信息，在这里可以引用电影组件来构建页面元素，其代码如下：

```
<view class="container">
  <block wx:for="{{movies}}" wx:for-item="movie" wx:key="mid">
    <!-- 使用自定义组件 -->
    <hp-movie movie="{{movie}}"></hp-movie>
  </block>
</view>
```

在页面使用 hp-movie 组件之前，也需要在对应的配置中配置引用该自定义组件，代码如下：

```
{
  "usingComponents": {
    "hp-movie":"/components/movie/index"
  }
}
```

页面显示的电影通过 movies 的属性进行数据绑定，然后通过 wx:for 列表循环。

更多电影页面样式也很简单，more-movie.wxss 中的代码如下：

```
.container{
  display: flex;
  flex-direction: row;
  flex-wrap: wrap;
  padding-top: 30rpx;
  padding-bottom: 30rpx;
  justify-content: space-between;
}
```

```
.movie{
 margin-bottom: 30rpx;
}
```

接下来在页面利用加载 onLoad()方法添加处理数据请求的代码，代码如下：

```
onLoad: function (options) {
  const category = options.category;
  this.data._category = category;
  let url = "http://t.talelin.com/v2/movie/" + category;
  let data = {
   start:0,
   count:12
  };
  // 通过 http 请求获得服务器数据(数据以 json 格式进行返回)
  wx.request({
   url: url,
   data: data,
   method: 'GET',
   header: {
     "content-type": "json"
   },
   success: (res) => {
     const moives = this.getMoreMovieDataList(res.data);
     this.setData({
      movies:movies
     });
   }
  })
 }
```

请注意上述代码的逻辑是首先获得查询的"更多"类型，根据类型获取不同的 url 返回电影列表数据。为了后续分页显示内容，目前加载的数据为 12 条。同时需要注意，从服务器获取的电影数据通过 getMoreMovieDataList 方法封装，其具体代码如下：

```
// 处理数据
 getMoreMovieDataList(httpData) {
  var movies = [];
  for (let i in httpData.subjects) {
   let subject = httpData.subjects[i];
   let title = subject.title;
   let stars = subject.rating.stars / 10;
   let score = subject.rating.average;
   let mid = subject.id;
   console.log("starts:", stars);
   if (title.length >= 6) {
     // 设置标题显示长度，超过 6 个字符进行截断，使用...进行代替
     title = title.substring(0, 6) + '...';
```

```
    }
    var temp = {
      title: title,
      stars: stars,
      score: score,
      movieImagePth: subject.images.large,
      movieId: mid
    }
    movies.push(temp);
  }
  return movies;
},
```

利用此方法处理电影数据的内容在电影首页中已经使用过，这里不再赘述，最后通过 setData 方法把数据绑定到 movies 属性中。

保存并运行代码，结果如图 7-3 所示。

(3) 对 http 请求数据进行封装，获取电影数据。

在电影首页的功能实现中，我们已经对 http 的数据请求进行了一个简单的封装，其目的是满足减少电影首页中多次使用请求服务器数据的复杂性。在实际开发中小程序中的大部分数据都从请求服务端获取，因此它不只是某一个页面的功能重复，应该是整个项目的重复利用，接下来通过 http 的数据请求进行封装，使整个项目可以重复调用。

首先在 util 目录中添加两个 js 文件，分别为 config.js 和 request.js。config.js 表示项目相关配置，这里主要是针对 http 的请求地址的配置，而 request.js 中对微信 API 的 wx.request 进行封装。

图 7-3 "更多"电影显示效果

config.js 的代码如下：

```
// 配置服务器相关信息
export default {
  host: 'http://t.talelin.com/v2',
}
```

request.js 的代码如下：

```
import config from './config'
// 使用 ES8 中的 Promise 方式对 http 请求进行封装，避免"回调地狱"
export default (url, data = {}, method = 'GET') => {
```

```
  return new Promise((resolve, reject) => {
   wx.request({
    url: config.host + url,
    data,
    method,
    header: {
      "content-type": "json"
    },
    success: (res) => {
      // resolve 修改 Promise 的状态为成功状态 resolved
      resolve(res.data);
    },
    fail: (err) => {
      // reject 修改 Promise 的状态为失败状态 rejected
      reject(err);
    }
   });
  });
 }
```

　　在上述的代码中，我们使用 ES8 的新特性对 http 请求进行封装，其逻辑比较简单，主要通过 ES6 中的 Promise 方式进行处理，考虑到这是对整个项目的 http 封装，因此在请求成功 success 回调方法时，只是修改 Promise 的状态为成功状态。

　　回到 more-movie.js 文件中，对数据绑定的内容进行修改，代码如下：

```
/**
 * 生命周期函数：监听页面加载
 */
async onLoad(options) {
  const category = options.category;
  this.data._category = category;
  let url = "/movie/" + category;
  let data = {
    start: 0,
    count: 12
  };

  let httpData = await request(url, data);
  let movies = this.getMoreMovieDataList(httpData);
  console.log("movies", movies);
  this.setData({
    movies: movies
  });
},
```

　　需要注意的是，由于采用 Promise 方式获得数据，按照 ES8 语法的要求，需要在 onLoad 的方法声明中加入 async 关键字，同时调用 request 模块的方法使用 await 关键字。

保存代码，自动编译后，运行效果如图 7-3 所示。

任务 7.2 动态内容加载：刷新电影页面、实现分页加载

7.2.1 任务描述

1. 具体的需求分析

上一个任务实现了"更多"电影列表的显示，在此基础上，本任务主要实现下拉刷新页面功能和上滑分页加载更多数据内容的功能。

2. 效果预览

完成本次任务后，编译并运行进入"即将上映"对应的更多页面，下拉刷新页面，如图 7-4 所示。

7.2.2 任务实施

在 App 的应用中，下拉刷新和上滑加载是一组比较经典的操作。本节将学习如何在小程序中实现这些功能。在小程序中，不需要开发者自己编写下拉刷新代码，小程序已经提供相关的配置与 API。只需要在 Page 对象实现 onPullDownRefresh 方法即可。

同样，小程序在页面 Page 对象中提供了 onReachBottom 方法。每次用户上滑触底后将触发分页加载功能的执行。

为了更好地了解整体的实施过程，接下来分为三个部分介绍整体任务的实现过程。

图 7-4 下拉刷新页面

1. 实现下拉页面刷新的功能

实现一个页面的下拉刷新功能，其操作分为 3 个步骤：

(1) 在页面的 json 文件中配置 enablePullDownRefresh 选项，打开下拉刷新开关。

(2) 在页面的 JS 文件编写 onPullDownRefresh 方法，完成下拉刷新的业务逻辑。

(3) 编写完下拉刷新逻辑代码后，主动调用 wx.stopPullDownRefresh()方法停止当前页面的下拉刷新。

接下来，按照这三个步骤实现下拉刷新的功能，具体实现步骤如下：

(1) 配置 enablePullDownRefresh 选项开关。

首先需要在 more-movie.json 文件中配置下拉刷新开关，加入如下配置代码：

```
{
  "usingComponents": {
    "hp-movie":"/components/movie/index"
  },
  "enablePullDownRefresh": true,
  "backgroundTextStyle": "dark"
}
```

加粗的代码为新添加的代码，在这里需要注意的是默认情况下，下拉刷新的等待图标是白色，因此无法明显地看到下拉刷新的等待状态。解决这个问题最简单的方法就是设置 backgroundTextStyle 的属性为"dark"，这样下拉刷新的等待图标变成黑色。效果如图 7-5 所示。

图 7-5　下拉刷新等待标识

(2) 添加下拉刷新业务逻辑。

接下来完成第二步。当打开页面的下拉刷新开关后，用户下拉页面就会触发执行页面中的 onPullDownRefresh 方法，在 more-movie.js 文件中添加 onPullDownRefresh 方法，完成刷新功能的逻辑，代码如下：

```
/**
 * 页面相关事件处理函数：监听用户下拉动作
 */
onPullDownRefresh: async function () {

  console.log("===onPullDownRefresh=====");
  let url = "/movie/" + this.data._category;
  let data = {
    start:0,
    count:12
  };
  let httpData = await request(url,data);
  let movies = this.getMoreMovieDataList(httpData);
  this.setData({
    movies:movies
  });
}
```

整体的逻辑比较简单，与 onLoad() 方法的逻辑非常相似，但需要注意 category 类型的获取。在 onLoad 方法逻辑处理中，我们已经保存 category 类型变量值，再利用此方法获取即可。

保存代码，自动编译并运行代码。当然从 UI 界面是无法直接看到刷新结果的，但可以借助开发工具的 Network 面板，观察每次刷新是否向服务器进行了请求。图 7-6 显示了 3 次下拉刷新 more-movie 页面后 Network 面板的请求发送情况。

图 7-6 3 次刷新 Network 面板的显示

(3) 主动停止页面刷新的状态。

最后，完成下拉刷新的第三步：主动停止页面刷新状态。需要在处理页面数据绑定后进行处理，修改 onPullDownRefresh 方法，代码如下：

```
/**
 * 页面相关事件处理函数：监听用户下拉动作
 */
onPullDownRefresh: async function () {
  console.log("===onPullDownRefresh=====");
  let url = "/movie/" + this.data._category;
  let data = {
    start:0,
    count:12
  };
  let httpData = await request(url,data);
  let movies = this.getMoreMovieDataList(httpData);
  this.setData({
    movies:movies
  });
  wx.stopPullDownRefresh();
},
```

加粗的代码为新增代码，主动调用 wx.stopPullDownRefresh( )方法可以使得当前页面停止刷新。

2. 实现上滑页面加载更多数据的功能

完成下拉刷新加载数据后，接下来实现上滑页面加载更多数据的功能。在传统的 Web 网页中，我们通过分页显示更多数据。在移动端，则是通过不断上滑页面来加载更多数据。

　　实现上滑加载更多数据的逻辑为，每次用户上滑到页面底部时，分页加载下一页数据。因此实现的关键是页面"触底"时就可以执行"加载更多"这个操作。在小程序中同样提供 onReachBottom 方法，当用户上滑触底后触发执行，因此，只需要编写小程序提供的 onReachBottom 方法即可实现上滑 more-movie 页面加载更多数据的功能。

　　在 more-movie.js 页面实现 onReachBottom 方法，其代码如下：

```
/**
 * 页面上拉触底事件的处理函数
 */
onReachBottom:async function () {

  console.log("=====onReachBottom====");
  let url = "/movie/"+this.data._category;
  let data = {
    start:this.data.movies.length,
    count:12
  };
  let httpData = await request(url,data);
  let movies = this.getMoreMovieDataList(httpData);
  this.setData({
    movies:movies
  });
}
```

　　在上述代码中，主要的逻辑与刷新逻辑很相似，但需要注意我们设置请求 data 变量的 start 属性为 movies.length，表示页面的集合数据是进行累加的。同时，需要注意的是，还需对 getMoreMovieDataList 方法进行修改，其代码如下：

```
// 处理数据
getMoreMovieDataList(httpData) {
  var movies = [];
  for (let i in httpData.subjects) {
    let subject = httpData.subjects[i];
    let title = subject.title;
    let stars = subject.rating.stars / 10;
    let score = subject.rating.average;
    let mid = subject.id;
    console.log("starts:", stars);
    if (title.length >= 6) {
      // 设置标题显示长度，超过 6 个字符进行截断，使用...进行代替
      title = title.substring(0, 6) + '...';
    }
    var temp = {
      title: title,
      stars: stars,
      score: score,
      movieImagePth: subject.images.large,
```

```
      movieId: mid
    }
    movies.push(temp);
  }

  var totalMovies = [];
  // 上滑加载新的数据，并追加到原 movies 数组中
  totalMovies = this.data.movies.concat(movies);
  return totalMovies;
}
```

加粗的代码为新增代码，主要内容是添加 totalMovies 集合对象，对每次 http 请求获取的数据进行追加，然后返回。因此在页面数据绑定的 movies 集合都是追加之后的结果。

保存代码，自动编译并运行代码。通过调试器面板中 AppData 和 Network 的数据变化判断是否加载成功，如图 7-7 所示。

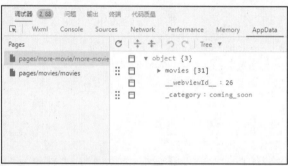

图 7-7　用户下滑加载更多数据 AppData 数据变化

在 more-movie 下滑页面加载更多操作，可以看到 AppData 中 movies 集合已经累加到 31 了。

在这里还需要处理一个小问题，当通过上滑加载更多数据时，回到下拉刷新操作，数据依然在追加，所以修改 onPullDownRefresh 中的逻辑，代码如下：

```
/**
 * 页面相关事件处理函数：监听用户下拉动作
 */
onPullDownRefresh: async function () {
  console.log("===onPullDownRefresh=====");
  // 刷新页面后将页面所有初始化参数恢复到初始值
  this.data.movies = [];
  let url = "/movie/" + this.data._category;
  let data = {
    start:0,
    count:12
  };
  let httpData = await request(url,data);
  let movies = this.getMoreMovieDataList(httpData);
  this.setData({
    movies:movies
```

```
    });
    wx.stopPullDownRefresh();
},
```

加粗的代码为新添加的代码。当下拉刷新触发 **onPullDownRefresh** 方法时，在处理加载新的数据之前对 movies 的数据进行初始化操作。

完成以上代码后，就基本完成了上滑加载更多数据的功能。

3. 完成更多优化页面的功能

前面已经完成"更多"电影页面的核心功能，为了有更好的体验感，我们对本页面的其他细节进行优化，主要有以下两个优化功能：

(1) 用户在电影首页进入"更多"页面，动态设置"更多"页面标题。

(2) 动态设置导航栏 loading 的图标。

首先实现设置动态标题的功能，可以通过 Page 中的 onReady 方法实现，其代码如下：

```
/**
 * 生命周期函数：监听页面初次渲染完成
 */
onReady: function () {

  let title = "电影";
  if(this.data._category == 'in_theaters'){
      title = "正在热映";
  }else if(this.data._category == 'coming_soon'){
    title = "即将上映";
  }else if(this.data._category == 'top250'){
    title = "豆瓣 Top250";
  }
  wx.setNavigationBarTitle({
    title: title,
  })
}
```

上述代码的逻辑很简单，就是根据 category 的值判断标题，然后通过 setNavigationBarTitle 动态设置标题。

保存代码，自动编译，运行结果如图 7-8 所示。

图 7-8　在页面动态设置标题

接下来实现动态设置导航栏 loading 图标的功能。

在前面实现了 more-movie 页面的下拉刷新电影与上滑加载更多电影数据的操作,但是整体加载数据的过程体验并不好。例如,在上滑加载更多数据时,从触发加载数据到数据显示,整体过程没有等待提示,当数据加载完成后突然就显示出来了。

在前面的章节中,已经学过 wx.showToast 的 API 的使用,在页面的中间显示提示框。除此之外,微信小程序也提供了其他侵入式更小的提示体验的解决方案,那就是使用 wx.showNavigationBarLoading( )方法和 wx.hideNavigationBarLoading( )方法,前者负责显示 loading 状态图标,后者负责隐藏 loading 状态图标。

分析一下,我们需要在哪些操作调用这些方法。基本是在进行 http 请求的前一步调用 wx.showNavigationBarLoading( )提示用户加载数据,当完成数据绑定表示数据已经完成渲染后就应该调用 wx.hideNavigationBarLoading( )方法隐藏状态图标,具体是在页面加载和上滑加载数据调用显示 loading 图标,完成页面加载、下拉刷新、上滑加载更多数据的数据绑定后隐藏 loading 图标。

在 onLoad 方法加入显示 loading 图标代码,代码如下:

```
/**
 * 生命周期函数:监听页面加载
 */
onLoad: async function (options) {
  const category = options.category;
  this.data._category = category;
```

```
let url = "/movie/" + category;
let data = {
  start: 0,
  count: 12
};

// 显示 loading 提示
wx.showNavigationBarLoading();

let httpData = await request(url, data);
let movies = this.getMoreMovieDataList(httpData);
console.log("movies",movies);
this.bindMoviesData(movies);
},
```

加粗的代码为新增加的代码，为了方便统一处理 loading 图标的隐藏，可以把数据绑定的处理单独编写成一个方法，bindMoviesData 方法的代码如下：

```
// 绑定数据处理
bindMoviesData(data) {
  this.setData({
    movies: data
  });
  // 隐藏 loading 加载图标
  wx.hideNavigationBarLoading();
},
```

在上滑加载更多数据的方法 onReachBottom 中加入显示 loading 图标的代码，代码如下：

```
onReachBottom: async function () {
  console.log("=====onReachBottom====");
  let url = "/movie/" + this.data._category;
  let data = {
    start: this.data.movies.length,
    count: 12
  };
  // 显示 loading 提示
  wx.showNavigationBarLoading();

  let httpData = await request(url, data);
  let movies = this.getMoreMovieDataList(httpData);
  this.bindMoviesData(movies);
}
```

以上就是完成动态设置导航栏 loading 图标的实现过程，但需要注意以下几点：

(1) 下拉刷新没有使用导航栏的 loading 状态图标，因为下拉刷新本身在页面的底部就有一个 loading 状态图标，所以在这里可以不重复使用。

(2) 在 onLoad 方法中调用 showNavigationBarLoading 方法设置页面导航栏是有风险的，推荐在 onReady 方法调用，代码如下：

```
/**
 * 生命周期函数：监听页面初次渲染完成
 */
onReady: function () {
  let title = "电影";
  if (this.data._category == 'in_theaters') {
    title = "正在热映";
  } else if (this.data._category == 'coming_soon') {
    title = "即将上映";
  } else if (this.data._category == 'top250') {
    title = "豆瓣 Top250";
  }

  wx.setNavigationBarTitle({
    title: title,
  })
  // 显示 loading 提示
  wx.showNavigationBarLoading();
}
```

保存代码，运行测试，会发现效果与预览效果一致。

以上就是完成刷新电影页面与加载分页显示的全面功能的实现。

任务 7.3　电影细节揭秘：构建电影详情页面

7.3.1　任务描述

1. 需求分析

用户单击电影图片将进入电影详情页面。本节的任务主要实现此电影信息的展示和电影海报的展示功能。其电影信息主要包括三个部分：电影基本信息、剧情简介、影人。在影人展示部分需要同时展示多个影人的信息。

2. 效果预览

完成本次任务，编译完成进入电影首页，单击某一个电影图片，进入电影详情页面，运行效果如图 7-9 所示。

图 7-9　电影详情页面

7.3.2　任务实施

1. 完成电影详情页面功能

对电影详情页面的功能实现基本都是原有知识点的再次应用，仅在影人部分将使用到小程序的 scroll-view 组件。从整体的功能分析，可以将实现步骤分为以下几步：

(1) 新建电影详情页面，完成从不同模块中的电影跳转到电影详情页面的功能。

(2) 完成电影详情页面的框架与样式。

(3) 编写电影详情页面的业务逻辑代码。

(4) 设置电影页面的导航栏标题。

(5) 完成电影详情页面中预览电影海报的功能。

基于对电影详情页面的功能分析，接下来开始编码完成此功能，其具体实现步骤如下：

(1) 创建电影详情页面。

首先在 pages 目录中新增 movie-detail 目录，并新建 page，完成的对应目录结构如图 7-10 所示。

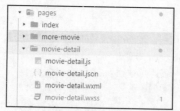

图 7-10　新添加电影详情页面目录结构

接下来，完成用户点击不同电影页面中的电影图片跳转到电影详情页面的功能。由于之前所有电影显示都采用自定义组件完成，在这里只需要在自定义组件 movie 完成事件处理，这些引用 movie 组件的内容都会更新此功能，这也是使用自定义组件的优势。只需要在 movie 组件添加一个事件方法 onGoToDetail，然后在 movie 组件对应的.js 文件中处理就可以了，代码如下：

```
/**
 * 组件的方法列表
 */
methods: {
 onGoToDetail: function (event) {
  // 获得电影编号
  const mid = this.properties.movie.movieId;
  console.log("===mid===", mid);
  wx.navigateTo({
   url: '/pages/movie-detail/movie-detail?mid=' + mid
  })
 }
}
```

在自定义组件的 methods 属性中添加组件业务逻辑，在这里添加跳转到电影详情页面的具体逻辑，处理逻辑很简单，获得当前电影编号，使用请求参数的方式传输到电影详情页面中。

保存代码，自动编译并运行后，可以实现跳转到电影详情页面。

(2) 完成电影详情页面的框架与样式。

在 movie-detail.wxml 文件中添加页面元素的内容，代码如下：

```
<view class="container">
 <!-- 电影详情头部内容 -->
 <image mode="aspectFill" class="head-img" src="{{movie.movieImage}}"></image>
 <view class="head-img-hover">
  <text class="main-title">{{movie.title}}</text>
  <text class="sub-title">{{movie.subTitle}}</text>
  <view class="like">
   <text class="highlight-font">{{movie.wishCount}}</text>
   <text class="plain-font">人喜欢</text>
   <text class="highlight-font">{{movie.commentsCount}}</text>
   <text class="plain-font">条评论</text>
  </view>
  <image bind:tap="onViewPost" class="movie-img" src="{{movie.movieImage}}"></image>
```

```
</view>
<!-- 剧情简介 -->
<view class="summary">
 <view class="original-title">
  <text>{{movie.originalTitle}}</text>
 </view>
 <view class="flex-row">
  <text class="mark">评分</text>
  <view class="score-container">
   <l-rate disabled="{{true}}" size="22" score="{{movie.stars}}" />
   <text class="average">{{movie.score}}</text>
  </view>
 </view>
 <view class="flex-row">
  <text class="mark">导演</text>
  <text>{{movie.director.name}}</text>
 </view>
 <view class="flex-row">
  <text class="mark">影人</text>
  <text>{{movie.casts}}</text>
 </view>
 <view class="flex-row">
  <text class="mark">类型</text>
  <text>{{movie.genres}}</text>
 </view>
</view>
<view class="hr"></view>
<view class="synopsis">
 <text class="synopsis-font">剧情简介</text>
 <text class="summary-content">{{movie.summary}}</text>
</view>

<view class="hr"></view>
<!-- 影人列表信息 -->
<view class="casts">
 <text class="cast-font"> 影人</text>
 <scroll-view enable-flex scroll-x class="casts-container">
  <block wx:for="{{movie.castsInfo}}" wx:key="index">
   <view class="cast-container">
    <image class="cast-img" src="{{item.img}}"></image>
    <text>{{item.name}}</text>
   </view>
  </block>
 </scroll-view>
</view>
</view>
```

　　加粗的代码是电影详情页面表示影人列表信息的部分，在这里使用容器组件 <scroll-view>，这个组件表示可滚动的视图区域。使用竖向滚动时，需要确定 scroll-view 的固定高度，通过 WXSS 设置 height。该组件核心的属性与使用说明如下：

- scroll-x：类型为 boolean，表示允许横向滚动。
- enable-flex：类型为 boolean，表示启用 flexbox 布局。开启后，当前节点声明了 display: flex 就会成为 flex container，并作用于其子节点。

接下来在 movie-detail.wxss 文件中添加电影详情页面样式，其代码如下：

```
.container{
  display: flex;
  flex-direction: column;
}

.head-img{
  width: 100%;
  height: 320rpx;
  -webkit-filter:blur(20px);
}

.head-img-hover{
  width: 100%;
  height: 320rpx;
  position: absolute;
  display: flex;
  flex-direction: column;
}

.main-title{
  font-size:38rpx;
  color:#fff;
  font-weight:bold;
  letter-spacing: 2px;
  margin-top: 50rpx;
  margin-left: 40rpx;
}

.sub-title{
  font-size: 28rpx;
  color:#fff;
  margin-left: 40rpx;
  margin-top: 30rpx;
}

.like{
  display:flex;
  flex-direction: row;
```

```
    margin-top: 30rpx;
    margin-left: 40rpx;
}

.highlight-font{
    color: #f21146;
    font-size:22rpx;
    margin-right: 10rpx;
}

.plain-font{
    color: #666;
    font-size:22rpx;
    margin-right: 30rpx;
}

.movie-img{
    height:238rpx;
    width: 175rpx;
    position: absolute;
    top:160rpx;
    right: 30rpx;
}

.summary{
    margin-left:40rpx;
    margin-top: 40rpx;
    color: #777777;
}

.original-title{
    color: #1f3463;
    font-size: 24rpx;
    font-weight: bold;
    margin-bottom: 40rpx;
}

.flex-row{
    display: flex;
    flex-direction: row;
    align-items: baseline;
    margin-bottom: 10rpx;
}

.mark{
    margin-right: 30rpx;
    white-space:nowrap;
```

```
      color: #999999;
    }

    .score-container{
      display: flex;
      flex-direction: row;
      align-items: baseline;
    }

    .average{
      margin-left:20rpx;
      margin-top:4rpx;
    }

    .hr{
      margin-top:45rpx;
      width: 100%;
      height: 1px;
      background-color: #d9d9d9;
    }

    .synopsis{
      margin-left:40rpx;
      display:flex;
      flex-direction: column;
      margin-top: 50rpx;
    }

    .synopsis-font{
      color:#999;
    }

    .summary-content{
      margin-top: 20rpx;
      margin-right: 40rpx;
      line-height:40rpx;
      letter-spacing: 1px;
    }

    .casts{
      display: flex;
      flex-direction: column;
      margin-top:50rpx;
      margin-left:40rpx;
    }

    .cast-font{
```

```
  color: #999;
  margin-bottom: 40rpx;
}

.cast-img{
  width: 170rpx;
  height: 210rpx;
  margin-bottom: 10rpx;
}

.casts-container{
  display: flex;
  flex-direction: row;
  margin-bottom: 50rpx;
  margin-right: 40rpx;
  height: 300rpx;
}

.cast-container{
  display: flex;
  flex-direction: column;
  align-items: center;
  margin-right: 40rpx;
}
```

到目前为止，已经完成电影详情页面的元素与样式，但现在还无法看到页面运行效果，接下来完成业务逻辑。

(3) 编写电影详情页面的业务逻辑。

对于电影详情的业务逻辑，其实很简单，就是根据请求的电影编号获得电影详情信息，在页面加载 onLoad 方法的代码如下：

```
/**
 * 生命周期函数：监听页面加载
 */
onLoad: async function (options) {
  // 获得电影编号
  const mid = options.mid;
  // 发送 http 请求获取对应电影对象明细
  let url = "/movie/subject/" + mid;
  let httpData = await request(url);
  let movieData = this.getMovieData(httpData);
  this.setData({
    movie: movieData
  });
},
```

上述代码中，通过封装好的 http 请求获得电影详情信息，数据通过 getMovieData( )方法进行处理，其代码如下：

```
// 处理电影详情数据
getMovieData: function (data) {

  console.log("====getMovieData===");
  console.log(data);
  if (!data) {
   return;
  }

  // 定义导演对象
  var director = {
   avator: "",
   name: "",
   id: ""
  };
  if (data.directors[0] != null) {
   if (data.directors[0].avatars != null) {
    // 获得导演图像路径
    director.avator = data.directors[0].avatars.large;
   }
   // 导演姓名
   director.name = data.directors[0].name;
   director.id = data.directors[0].id;
  }
  var movieData = {
  // 电影图片路径
  movieImage: data.images ? data.images.large : "",
  // 国家
  country: data.countries[0],
  // 标题
  title: data.title,
  // 小标题
  originalTitle: data.original_title.length < 15 ? data.original_title : data.original_title.substring(0, 25) + '...',
  // 喜欢人数
  wishCount: data.reviews_count,
  // 评论条数
  commentsCount: data.comments_count,
  // 年份
  year: data.year,
  // 类型
  genres: data.genres.join("、"),
  // 评星
  stars: data.rating.stars / 10,
  // 评分
  score: data.rating.average,
  // 导演
```

```
      director: director,
      // 影人
      casts: util.convertToCastString(data.casts),
      castsInfo: util.convertToCastInfos(data.casts),
      // 摘要
      summary: data.summary,
      subTitle: data.countries[0] + " · " + data.year
   }
   return movieData;
},
```

上述方法把从 http 服务器端获取的电影信息处理封装到集合返回，最后通过数据绑定到视图上进行显示。

保存并运行代码，结果如图 7-11 所示。

图 7-11　电影详情测试结果

从图 7-11 所示的电影详情运行测试结果来看，导航栏上的标题还是默认的"厚溥微信小程序"，接下来优化导航栏标题。

(4) 设置电影页面的导航栏标题。

在 movie-detail.js 的 onLoad( ) 方法中，设置页面导航栏标题，代码如下：

```
// 设置标题
wx.setNavigationBarTitle({
  title:movieData.title
})
```

保存代码，运行结果如图 7-9 所示，可以发现与预览结果一样。

(5) 完成电影详情页面中预览电影海报的功能。

接下来，需要完成点击电影详情页面的电影图片，打开一张电影海报大图的功能。在编写 movie-detail.wxml 文件元素时，已经在 image 上注册了 onViewPost 事件。现在只需要实现 onViewPost 方法即可，代码如下：

```
// 设置预览电影海报
onViewPost(event) {
  wx.previewImage({
    urls: [this.data.movie.movieImage],
  })
},
```

保存并运行代码后，点击小海报将打开一张大图，如图 7-12 所示。

图 7-12　电影海报大图显示效果

以上是电影详情页面的全部操作过程，截至目前我们已经完成电影模块的所有功能。

科技自立自强，华为抗压突围

党的二十大报告指出，2027 年底前是全面建设社会主义现代化国家开局起步的关键时期，主要目标任务包括：经济高质量发展取得新突破，科技自立自强能力显著提升，构建新发展格局和建设现代化经济体系取得重大进展。

以高质量发展破解关键核心技术"卡脖子"难题。当前，我国已经成为具有重要影响力的科技大国，科技创新对经济社会发展的支撑和引领作用日益增强。同时，与建设世界科技强国的目标相比，我国发展还面临重大科技瓶颈，关键领域核心技术受制于人的格局没有从根本上改变，科技基础仍然薄弱，科技创新能力特别是原创能力还有很大差距。此外，一些西方国家近年来对我国科技发展进行无理打压，阻碍正常的国际交流合作，限制对我国的高科技产品出口。坚持"四个面向"，加快实施创新驱动发展战略，推动产学研深度合作，着力强化重大科技创新平台建设，支持顶尖科学家领衔进行原创性、引领性科技攻关，突破关键核心技术难题，在重点领域、关键环节实现自主可控。

2019年5月，美国政府将华为列入实体清单，禁止美国企业向华为出售技术和产品，其中包括芯片和软件等关键技术。这一举动使得华为面临了严重的技术封锁和供应链断裂的困境。断供芯片的举措严重威胁了华为的业务运营和发展前景，也对我国的科技自立自强能力提出了严峻的挑战。

面对这一严峻局面，华为迅速做出了应对措施。首先，华为加大了自主研发的力度，加快推进自主芯片的研发和生产。华为成立了海思半导体公司，专注于自主研发芯片技术。在面临断供压力的情况下，华为不得不自主研发并生产芯片，以应对外部供应链的不确定性。通过大规模投入资金和人力资源，华为加速了芯片研发的进程，不断提升自身的核心技术实力。

其次，华为积极寻求国际合作，拓展多元化的供应渠道，降低对单一国家和企业的依赖性。华为加大了与国内外芯片供应商的合作，寻求多样化的芯片供应渠道，以减轻美国政府断供所带来的影响。华为还与其他国家的芯片制造商合作，寻求技术和资源的共享，确保芯片供应的稳定性。

此外，华为还加强了内部管理和资源整合，提高了对市场变化的应对能力。华为进行了全面的内部管理调整，加强了对研发、生产和供应链的整体规划和协调。同时，华为加大了对关键核心技术的保护和研发投入，提高了自身的技术储备和创新能力，以确保公司在技术封锁下的生存和发展。

目前，华为"去美国化"已经取得了较大进展。美国宣布制裁以后，华为发布的首款旗舰手机器件国产率不到30%，而于2023年发布的Mate60 Pro的国产率已经超过90%，同时华为Mate60搭载的芯片是华为自主研发的麒麟9000系列，是一款性能卓越的芯片。它采用了先进的制程工艺，拥有更高的计算能力和更低的功耗，能够满足用户在游戏、影音等方面的需求。芯片还支持5G网络，用户可以享受到更快速、稳定的网络连接，畅快地进行在线游戏、高清视频等操作。

这一系列的举措使得华为成功地度过了技术封锁的风暴，不仅保持了业务的稳定运营，也为我国科技自立自强树立了光辉的范例。华为的抗压突围过程，展现了我国高科技企业在面对外部打压时的自主创新和自力更生的精神，也为我国科技自立自强能力的显著提升提供了生动的案例。

华为抗压突围的经历，为我们树立了强烈的思政示范。我们要学习华为的自主创新精神，增强科技自立自强的意识，不断提升自身的科技创新能力和核心技术实力，为国家的科技自立自强贡献力量。同时，我们也要关注国际形势的变化，增强国际合作的意识，拓展多元化的发展路径，共同构建开放、包容、合作、共赢的国际科技创新环境。

单元小结

- 实现"更多"电影页面功能。
- 实现刷新电影页面与加载更多(分页显示)功能。
- 实现电影详情页面功能。
- 掌握基于 Promise 封装 http 请求的 API。

单元自测

1. 微信小程序中 scroll-view 组件的属性是(　　)。
   A. scroll-x
   B. scroll-y
   C. height
   D. enable-flex

2. 下列关于微信小程序中动态设置导航栏标题和 loading 图标的说法，错误的是(　　)。
   A. 微信小程序页面标题可以通过配置文件与调用两种方法实现
   B. 相比 wx.showToast 提示动态导航，loading 图标的提示方式侵入性更小，用户体验更好
   C. wx.showNavigationBarLoading 方法必须与 wx.hideNavigationBarLoading 配对使用，否则程序会报异常
   D. 由于版本兼容的问题，在 onLoad 函数中调用 wx.showNavigationBarLoading 方法存在风险，推荐在 onReady 方法中进行调用

3. 下列选项中，关于小程序中页面实现下拉刷新与上滑加载数据说法，错误的是(　　)
   A. 在实现页面下拉刷新步骤中必须先在 json 配置文件中配置 enablePullDownRefresh 选项为 true
   B. 实现下拉刷新的逻辑处理需要在 Page 对象中使用 onPullDownRefresh 方法
   C. 在实现上滑加载数据功能时，除了需要实现 Page 对象中 onReachBottom 方法，还要在 json 配置文件的相关属性
   D. 在实现下滑刷新功能的最后，需要调用 wx.stopPullDownRefresh 方法停止页面刷新状态

4. 下列选项中，关于使用 Promise 封装 http 请求数据，说法错误的是(　　)。
   A. 在调用基于 Promise 封装 http 请求数据的方法时，被调用的方法声明必须使用 async 关键字
   B. 在调用基于 Promise 封装 http 请求数据的方法时，必须使用 await 关键字
   C. 使用基于 Promise 封装 http 请求的方法时，可以避免"回调地狱"编程方式
   D. 在微信小程序中使用基于 Promise 封装 http 请求方法有版本限制，需要谨慎使用

5. 下列关于 scroll-view 组件，描述错误的是(　　　)。

    A. scroll-view 组件是可滚动视图区域

    B. scroll-into-view 的值是某子元素的 id (id 允许以数字开头)

    C. scroll-top 设置竖向滚动条的位置

    D. scroll-left 设置横向滚动条的位置

上机实战

上机目标

- 进一步掌握自定义组件的使用。
- 掌握基于 Promise 封装后的 http 请求方法的使用。

上机练习

◆ 第一阶段 ◆

练习：基于 Promise 封装后的 http 请求的方法，重构电影首页功能。

【问题描述】

(1) 理解基于 Promise 封装 wx.request 方法的原理。

(2) 电影首页的电影列表展示使用封装后的方式重新进行程序设计。

【问题分析】

在使用 Promise 封装 wx.request 方法之前，电影首页数据展示都是直接通过硬编码的方式把请求参数与数据放在一起，从程序的设计来看这样的程序设计不利于程序的模块复用。在本章节的电影详情页面我们对 wx.request 方法进行封装，接下来按照新的 API 实现原来的电影首页的功能模块。

【参考步骤】

(1) 引入已经封装的 request.js 模块。

首先在 movies.js 中导入 request.js 模块，代码如下：

```
import request from '../../util/request'
```

(2) 修改 movies.js 中处理请求服务器数据的方法。

接着修改 movies.js 中处理请求服务器数据方法 bindMoviesDataByCategory，示例代码如下：

```
// 基于不同 url 对 http 请求获得服务器数据进行封装
  async bindMoviesDataByCategory(url, data = {}, settedKey, categoryTitle) {
    let httpData = await request(url, data);
    this.processMovieData(httpData,settedKey,categoryTitle);
  },
```

(3) 修改 movies.js 中处理请求服务器数据的方法，最后修改 movies.js 的 onLoad 方法。

代码如下：

```
/**
 * 生命周期函数：监听页面加载
 */
onLoad: function (options) {

  // 绑定正在热映的电影数据
  this.bindMoviesDataByCategory("/movie/in_theaters", {
    start: 1,
    count: 3
  }, "inTheaters", "正在热映");
  // 绑定即将上映的电影数据
  this.bindMoviesDataByCategory("/movie/coming_soon", {
    start: 1,
    count: 3
  }, "comingSoon", "即将上映");
  // 绑定 top250 的电影数据
  this.bindMoviesDataByCategory("/movie/top250", {
    start: 0,
    count: 3
  }, "top250", "豆瓣 Top250");
},
```

保存代码，进行测试，会发现效果与之前的一样，表示运行成功。

我的专属空间

课程目标

项目目标

❖ 实现"我的"页面功能

❖ 实现文章阅读历史页面功能

❖ 实现设置页面功能

❖ 实现设置页面其他 API 的使用演示功能

技能目标

❖ 掌握 iconfont 字体图标的使用

❖ 掌握设备相关 API 的使用

素质目标

❖ 培养乐于探索科学的品格与竞赛

❖ 培养爱岗敬业、争创一流的劳模精神

❖ 具有良好的自主学习能力

简介

本单元的主要任务是完成"我的"页面功能，这个页面中包含两个子模块任务，一个任务是实现文章阅读历史功能，在这个任务中基本是对原有的实战内容进行再次应用；另一个任务是完成设置功能页面，这个任务主要是对原有的内容进行补充，主要介绍微信小程序其他常用的 API 的使用方法，不同于文章和电影页面，"设置"页面功能类似于小程序 API 的示例集合。

通过思政内容的学习，树立正确的人生观和价值观，热爱自己的事业，努力成为具有科学精神和创新能力的新时代人才。

任务 8.1　个人中心构建：打造"我的"页面核心功能

8.1.1　任务描述

1. 具体的需求分析

在上一单元中，我们已经完成了电影模块的所有功能，接下来正式进入"我的"页面功能。本任务主要完成"我的"页面功能，在完成此页面功能时，除了学会使用原有的实战技巧，还要掌握 iconfont 字体图标的使用和基于 Base64 图片的背景设置技巧。

2. 效果预览

完成本次任务，编译完成后，进入"我的"页面，效果如图 8-1 所示。

8.1.2　任务实施

前面讲解 tab 选项卡时就已经完成了"我的"页面的创建，接下来基于已经创建好的 profile 页面继续完成后面的任务，具体步骤如下：

(1) 完成"我的"页面的基本框架与样式。

在已经创建好的 profile.wxml 文件中构建页面元素，其代码如下：

```
<view class="profile-header">
  <view class="avatar-url">
    <open-data type="userAvatarUrl"></open-data>
```

图 8-1　"我的"页面最终实现效果

```
  </view>
  <open-data type="userNickName" class="nickname"></open-data>
 </view>

 <view class="nav">
  <!--阅读历史页面-->
  <view class="nav-item">
   <navigator class="content" hover-class="none" url="/pages/profile/pro-history/pro-history">
    <text class="text">阅读历史</text>
   </navigator>
  </view>
  <!--设置页面-->
  <view class="nav-item">
   <navigator class="content" hover-class="none" url="/pages/setting/setting">
    <text class="text">设置</text>
   </navigator>
  </view>
 </view>
</view>
```

以上代码中加粗的代码部分使用了两个新的组件：<open-data>组件和<navigator>组件，其具体使用如下：

① <open-data>组件。使用<open-data>组件显示用户图像和昵称信息。<open-data>组件是微信小程序组件，属于"开放能力"中用于展示微信开发数据的组件，type 属性设置要显示的具体内容，常用的属性值如下。

- userNickName：表示用户昵称。不再返回，展示"微信用户"。
- userAvatarUrl：用户头像。不再返回，展示灰色头像。
- userGender：用户性别。不再返回，将展示为空（""）。
- userCity：用户所在省份。不再返回，将展示为空（""）。
- userCountry：用户所在国家。不再返回，将展示为空（""）。
- userLanguage：用户的语言。不再返回，将展示为空（""）

需要注意的是，微信官方为了保证微信用户的隐私安全，在最新的调整公告(2022 年 2 月 21 日 24 时起收回通过此组件展示个人信息的能力)中回复展示信息的功能，不再显示"不再返回"的相关内容。

② <navigator>组件。<navigator>组件属于导航分类中用于页面链接功能的组件，在这里使用它的 hover-class 属性，表示指定点击时的样式类，当 hover-class="none"时，表示没有点击效果。url 属性表示当前小程序内的调整链接。

接下来，在"我的"页面样式文件 profile.wxss 中加入样式代码，代码如下：

```
page {
 background-color: #f1f1f1;
}

.profile-header {
 background-size: cover;
```

```
    height: 480rpx;
    display: flex;
    justify-content: center;
    flex-direction: column;
    align-items: center;
    color: #fff;
    font-weight: 300;
    text-shadow: 0 0 3px rgba(0, 0, 0, 0.3);
}

.avatar-url {
    width: 200rpx;
    height: 200rpx;
    display: block;
    overflow: hidden;
    border: 6rpx solid #fff;
    border-radius: 50%;
}

.nickname {
    font-size: 36rpx;
    margin-top: 20rpx;
    font-weight: 400;
}

/* 导航 */

.nav {
    overflow: hidden;
    margin-right: 30rpx;
    margin-left: 30rpx;
    border-radius: 20rpx;
    margin-bottom: 50rpx;
    margin-top: 50rpx;
    box-sizing: border-box;
    display: block;
}

.nav-item {
    padding-right: 90rpx;
    position: relative;
    display: flex;
    padding: 0 30rpx;
    min-height: 100rpx;
    background-color: #fff;
```

```
    justify-content: space-between;
    align-items: center;
    box-sizing: border-box;
    border-bottom: 1rpx solid rgba(0, 0, 0, 0.1);
}

.content {
    font-size: 30rpx;
    line-height: 1.6em;
    flex: 1;
}

.img {
    display: inline-block;
    margin-right: 10rpx;
    width: 1.6em;
    height: 1.6em;
    vertical-align: middle;
    max-width: 100%;
}

.text {
    color: #808080;
}

.content .iconfont {
    color: #d43c33;
    font-weight: 600;
    margin-right: 30rpx;
}

.content .icon-gengduo {
    position: absolute;
    top: 50%;
    transform: translateY(-50%);
    right: 30rpx;
    bottom: 0;
    color: #808080;
    font-size: 28rpx;
}
```

保存并运行代码，效果如图 8-2 所示。

图 8-2　"我的"页面的初步实现效果

(2) 添加 Base64 图片的背景。

完成"我的"页面初步效果后，接下来为用户信息部分添加背景图片。需要注意的是，如果要为微信小程序中组件的背景设置背景图片，必须要设置在线的图片资料，否则是无法显示的。在实际开发中更加推荐使用 Base64 图片的方式设置背景。其实现过程很简单，通过搜索引擎输入"Base64 转图片工具"关键字，找到一个 Base64 在线转换工具，上传要转换的图片，工具自动把对应图片转换为 Base64 的字符码，如图 8-3 所示。

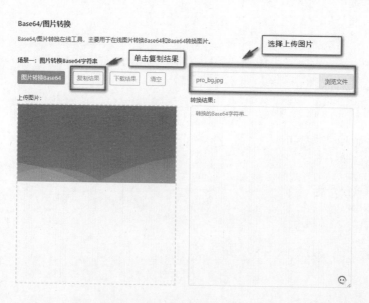

图 8-3　在线处理 Base64 图片转换

完成在线 Base64 图片转码后，单击"复制结果"按钮，转换结果则为用户信息显示部分，修改对应样式，代码如下：

```
.profile-header {
  background-image: url(data:image/jpeg;base64,/9j/4AAQSkZJRgABAQAAAQABAAD/2wBDAAoHBw
gHBgoICAgLCgoLDhgQDg0NDh0VFhEYIx8lJCIfIiEmKzcvJik0KSEiMEExNDk7Pj4+JS5ESUM8SDc9Pjv/2
wBDAQoLCw4NDhwQEBw7KCIoOzs7Ozs7Ozs7Ozs7Ozs7Ozs7Ozs7Ozs7Ozs7Ozs7Ozs7Ozs7Ozs7Ozs7Ozs
7Ozs7Ozv/wgARCAEsAoADAREAAhEBAxEB/8QAGQABAQEBAQEAAAAAAAAAAAAAAECAwQF/8
QAGgEBAQEBAQEBAAAAAAAAAAAAAECAwQFBv/aAAwDAQACEAMQAAAA+Z8f98AAAAAAA
AAAAAAAAAAAAAAAAAAAAAAAAAAAAAAAAAAAAAAAAAAAAAAAAAAAAAAAAA
AAAAAAAAAAAAAAAAAAAAAAAAAAAAAAAAAAAAAAAAAAAAAAAAAA
AAAAAAAAAAAAAAAAAAAAAAAAAAAAAAAAAAAAAAAAAAAAAAAAA
AAAAAAAAAAAAAAAAAAAAAAAAAAAAAAAAAAAAAAAAAAAAA
AAAAAAAAAAAAAAAAAAAAAAAAAAAAAAAAAAAAAAAAAAAAAA
AAAAAAAAAAAAAAAAAAAAAAAAAAAAAAAAAAAAAAAAAAAAA
AAAAAAAAAAAAAAAAAAAAAAAAAAAAAAAAAAAAAAAAAAAAAA
AAAAAAAAAAAAAAAABSAApCkKQAFIUEAKQAAoIAAAUgAAAKACApCkBSAAA
FIUEBSFIUCFAAAIVCiAoQFJFoQpAWFCFIUAAQoBChCgAhRCgAAAIUAhQQoABCgQpAAAAAAAA
AAAAAAAAAAAAAAAAAAAAAAAAAAAAAAAAAAAAAApAAAAACkAAAAAAAAAKQAApA
UgABQQAAAApCygAAAAAAAAAAAAAAAAAAAAAAAAAAAAAAAAAAAAAAAACgAAAAAAAAA
AAAAAAAAAAAAAAAAAAAAAAKgKCFABAUAAhSAFAABAACgAAhQQApAACggK
ACFIUgAAKAoBCrAAAAAAAAAAAAAAAAAAAAAAAAAAAAAAAAAAAsoAAAAAAA
AAAAAAAAAAAAAAAAAAAAAAAAAAAAABQKkUAEKAAAABSAIUACkQtAICgiAoAAAAFIA
EBQABSFSBQAABUSgAAAAAAAAAAAAAAAAAAAAAAAAAAAAAAAAaTVmk1ZU1ZTyc+4A
AAAAAAAAAAAAAAAAABCgAAAAAC2aTdzqzaLBSAsK8nPuAAAAAAAAAAAAAAAAAA
AAAAAAAAAAAAAABuzbO7nVhAAAAMZ3lrMuVkoAAAAAAAAAAAAAAAAAAAAAAAAAAAAFs2
zu53c0AAAAAA7XAAi4msy4axNYly1YltCAsSqSqBEqkKQAQLUBSQFIUEKAFgSgkLUloQrSbuOlzuwAA
IUAAAAO1wAAAMy4mss5S5axNCggBFkRYAAAA7ayBtndz5IUhhQSQFIUEKAFgSgkLUloQrSbuMlgzqoAAABzm+c1yzuKAABFkRYAAAADtcAAAAAAAA9f08oAAAAAAAAAAAEXnnfDPTM
M0AAAMTXGdOlx0uKAAAAAAAAAD3dfMgaAKAKAQcEAgMBAAAAAAAAAAIAAxExQQQTMEBCUWEh
UFJgIHEQEpGg/9oACAEBAAE/AP8AvPsfpQRjhTBRcwUO7QUFgpIOmBQMAfRgCcCCk5atBQ7tBRQQK
BgD6RaCk5atBQ7mCkg0luIdkOjCHZag7GGhUHRCjDKke9BScCCgxybQUVHmAAYFuUKKcqDDQpnph2
VDgkQ7IdGh2eoNLwoy5U+4hGbAi0DqYKSDTniiNlQYdmpnAI/UOxN0n/RDslcdF4aFQZW03D+JuG7ibhu4
m4buJuHm5ebp/jP6MOky3sAUtgXi0Ccm0Wki6X41BD4jbMwwwQYUZcgjgFFORDQX
8iinpENFIaA0aGi37hRhkcxaLRY++ItFR5lubAJgpMYKI2MCKMDikACcRaB6oqKuB74VDZF42C2Y9JvJvMww
QYUZcgjgFFORDQX8iinpENFIaAco1FG0tG2Y9JvGRlyLcAi8NFT4jUWGPWW4AACcRaB6oqKuB74VDZF42C2Y9JvK
Q2hosMesIIyOSVGbAi0PkYFYFC4HOCkx8QUlHmAAco1FG0tG2Y9JvGRlyLcAi8NFT4jUWGPWW4ACo1FG0qA
AAAAAAEQAwARJAUGAgsP/aAAgBAgEBPwD8D8BsjxJEeKIzbYjXvCOMaRbY7M6Attt1iIiOjI5xEfRE
a4CI5RHNIzkYiOIc0jiltxEZiO4IxwkR4bXTsP/8QAIREBAAICAgIDAQEAAAAAAAAAQAS
```

AhEwQBNQIFFgA7D/2gAIAQMBAT8A/wABnZLEtLMs/iLEvLP4qxLyzy+SXJYmz3diWertlmXZ5Jcmz2Ow
lpZ7wsuzyk8mMuSxLEuSxLEsSxNnorSz3rEtLM2/EyYf0hmfPbLMvLkE7LkSz3bEtNvMZsMyCPBtl2WOmo
Rzm+5YlnqmSQzgjwmTDI5nIjk+4M0hmcRnBHhc4q+8FIZ/cEeEyYI/Fz+vwRmkMh4TJJYYjl+Gwyd69h//Z);

```
    background-size: cover;
    height: 480rpx;
    display: flex;
    justify-content: center;
    flex-direction: column;
    align-items: center;
    color: #fff;
    font-weight: 300;
    text-shadow: 0 0 3px rgba(0, 0, 0, 0.3);
}
```

从上面的代码中，可以看出图片转换为 Base64 的码就是一个很长的字符串码，需要注意的是作为 Base64 转换的图片不能太大，因为一般转换的字符串都非常长。

保存并运行代码，效果如图 8-4 所示。

图 8-4　完成背景页面设置的页面效果

（3）使用 iconfont 字体图标设置导航图标。

在设计页面时，我们在页面中导航按钮的文字描述前面，都会配上对应的图标，这样不仅使得页面显示效果更加美观，更重要的是使用户对按钮的功能意图更加清楚，从而提升用户的使用体验。

使用 iconfont 字体图标,需要借助阿里巴巴提供的矢量图标库(官方网址为 https://www.iconfont.cn/),该图标库是国内功能强大且图标内容丰富的矢量图标库,提供矢量图标下载、在线存储、格式转换等功能,由阿里巴巴体验团队倾力打造,是进行设计和前端开发的便捷工具。

为了使用方便,首先需要注册一个账号,这个过程按照官方的向导来完成,很简单,在这里不做详细介绍。首先通过页面提供的搜索功能找到需要添加的图片,此页面需要为"历史""设置""更多"关键字添加对应的图标。例如,搜索"历史"关键字(见图8-5),出现很多关于"历史"关键字的图标。

图 8-5　搜索图片

根据页面设计的需求,选择对应的图标,然后把它添加到购物车。按照同样的方法,把需要的图标都添加到购物车,完成后购物车页面有相应提示,如图8-6所示。

图 8-6　把图标添加到购物车

单击"购物车"按钮,进入购物车页面,在此页面可以把选择好的图标添加到我们的项目,如图8-7所示。

单击"添加至项目"按钮添加至创建好的项目中,结果如图8-8所示。

图 8-7　选择添加到项目

图 8-8　添加到微信小程序项目中

把图标添加至项目后，进入个人页面，单击"资源管理"链接，进入当前项目的图标库，如图 8-9 所示。

图 8-9　项目对应的图标库

进入"我的项目"主页，选择"Font class"方式，然后单击"点击复制代码"把样式链接地址复制到浏览器地址中，打开对应的地址内容，如图 8-10 所示为"微信小程序"项目字体图标样式。

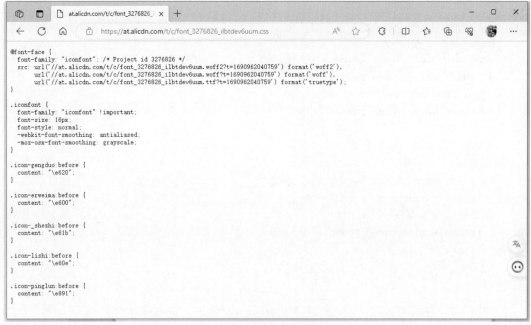

图 8-10　项目字体图标样式

接下来复制网页中显示的样式代码，在项目新建一个全局的样式文件 iconfont.wxss，把复制的内容粘贴到此文件中，如图 8-11 所示。

图 8-11　添加全局 iconfont.wxss 样式文件

创建全局 iconfont.wxss 样式之后，直接在项目全局样式 app.wxss 文件中导入 iconfont的样式，代码如下：

```
@import "iconfont.wxss";
```

把 iconfont 样式导入全局样式文件中，以后就可以在任何页面直接引用 iconfont 样式，最后在 profile.wxss 文件中添加字体标签的相关内容，代码如下：

```
<view class="nav">
  <view class="nav-item">
    <navigator class="content" hover-class="none" url="/pages/profile/pro-history/pro-history">
    <i class="iconfont icon-lishi"></i>
    <text class="text">阅读历史</text>
    <i class="iconfont icon-gengduo"></i>
    </navigator>
  </view>
  <view class="nav-item">
    <navigator class="content" hover-class="none" url="/pages/setting/setting">
    <i class="iconfont icon-_shezhi"></i>
    <text class="text">设置</text>
    <i class="iconfont icon-gengduo"></i>
    </navigator>
  </view>
</view>
```

加粗的代码为新添加的代码。接下来介绍 iconfont 字体图标是如何使用的。例如，为"阅读历史"链接加入图标，首先通过<i>标签显示，然后设置样式，在设置样式时，前面"iconfont"的样式是固定的，必须要有，后面样式类名需要在 iconfont 图标网站获取，如图 8-12 所示。

图 8-12　选择对应图标的样式名称

在 iconfont 网站项目图标库中，选择对应的图标，单击"复制代码"复制图标类名，然后粘贴到 iconfont 类名后即可。

保存代码，运行测试，可以看到其运行效果与本次任务的预览效果一致，表示任务已经顺利完成。

任务 8.2 阅读足迹追踪：实现显示"阅读历史"的功能

8.2.1 任务描述

1. 具体的需求分析

在前面的任务中已经完成"我的"页面显示功能，接下来完成对应链接"阅读历史"的相关功能，其具体的功能如下：

(1) 进入文章详情页面，记录阅读历史。

(2) 在"我的"页面中查看阅读历史记录。

2. 效果预览

完成本次任务。编译完成后，进入"我的"页面，点击"阅读历史"按钮链接，进入阅读历史页面，其效果如图 8-13 所示。

8.2.2 任务实施

基于上面任务描述中的功能描述，完成"阅读历史"的功能，主要有两个大的步骤。第一，每次进入文章的详情页面时，保存阅读历史的记录信息。第二，查看"阅读历史"记录列表，并从列表再次进入文章详情页面。其具体的实现步骤如下：

(1) 进入文章详情页面保存阅读历史记录。

在这里使用微信小程序本地缓存来保存阅读历史记录，为了区分不同用户的历史记录，可以使用登录后的用户名作为本次缓存的 key，因此需要在 g 全局变量中定义一个全局变量 g_username，app.js 中的 globalData 代码如下：

图 8-13　阅读历史页面显示效果

```
globalData: {
// globalMessage : "I am global data",
// 全局控制背景音乐播放状态
g_isPlayingMuisc: false,
// 全局控制当前音乐编号
g_currentMusicPosId:null,
```

```
// 用户权限验证通过的用户名
  g_username:''
},
```

同时修改 welcome.js 中用户登录授权的相关逻辑，使得完成授权后可以设置全局用户变量，并初始化阅读历史记录，代码如下：

```
// 用户登录授权
login() {
  console.log('用户点击登录授权');
  wx.getUserProfile({
   desc: '用于完善会员资料',
   success: res => {
    let userInfo = res.userInfo;
    // 登录授权成功，保存用户信息到缓存
    wx.setStorageSync('userInfo', userInfo)
    // 设置全局用户变量
    app.globalData.g_username = userInfo.nickName
    console.log('username',app.globalData.g_username)
    // 用于保存最近的阅读记录
    wx.setStorageSync(app.globalData.g_username , [])
    this.setData({
     userInfo: userInfo
    });
   }
  })
},
```

注意，加粗的代码为新添加的代码。

修改 app.js 代码，如果用户已经完成授权，重启当前应用，并对全局变量 g_username 进行赋值，代码如下：

```
var storageUserData = wx.getStorageSync('userInfo');
// 获取授权用户名
if(storageUserData){
  this.globalData.g_username = storageUserData.nickName;
}
```

最后在文章详情页面逻辑处理文件 post-detail.js 中添加保存用户阅读文章历史记录的相关逻辑，先添加保存历史记录方法_savePostHistory()，代码如下：

```
// 保存用户阅读文章历史记录
_savePostHistory(){
   const nowReadPost = this.data.post
   const username = app.globalData.g_username;
   console.log('username',username)
   const readHistory = wx.getStorageSync(username);
   console.log('readHistory',readHistory)
   let isContains = false;
```

```
// 判断当前阅读文章是否在历史中存在
for(let i = 0,len = readHistory.length;i < len;i++){
  if(readHistory[i].postId == nowReadPost.postId){
    isContains = true;
    break
  }
}
if(!isContains){
  readHistory.unshift(nowReadPost);
  wx.setStorageSync(username,readHistory)
}
console.log('_savePostHistory')
},
```

最后在 onLoad()方法中调用此方法，代码如下：

```
/**
 * 生命周期函数：监听页面加载
 */
onLoad(options) {
  // 获得文章编号
  let postId = options.postId;
  console.log("postId:" + postId);
  let postData = postDao.getPostDetailById(postId);
  let post = postData.data;
  console.log('postData', postData)
  this.setData({
    post: postData.data
  })
  // 创建动画
  this.setAnimation();

  // 获取背景音乐播放器
  this.data._backGroundAudioManager = wx.getBackgroundAudioManager();
  // 获取音乐对象
  this.data._playingMusic = post.music;
  // 设置音乐监听器
  this.setMuiscMonitor();
  // 初始化音乐播放状态
  this.initMusicStatus();
  // 添加文章的阅读历史记录
  this._savePostHistory()
},
```

保存代码，运行测试，分别进入两篇不同文章的详情页面，查看控制中"storage"中的信息，如图 8-14 所示。

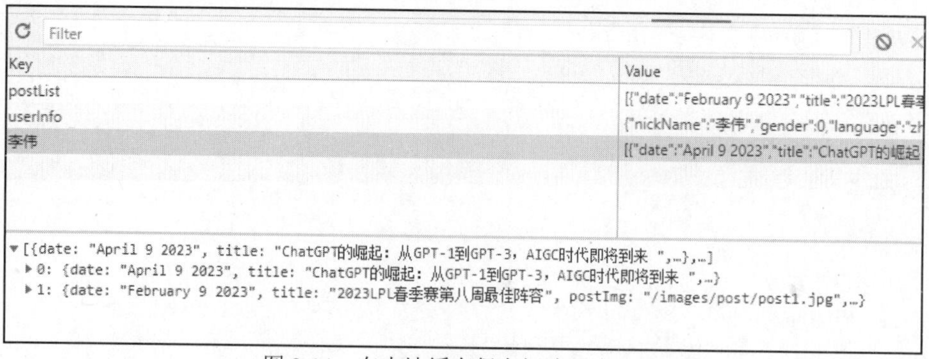

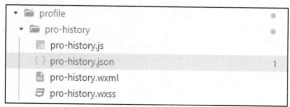

图 8-14　在本地缓存保存阅读历史记录

从上图可以看出，阅读历史记录信息已被保存在本地缓存中。

(2) 完成阅读历史记录列表展示。

首先创建用来显示阅读历史列表的页面 pro-history，创建好的目录结构如图 8-15 所示。

```
▼ 📁 profile
  ▼ 📁 pro-history
      📄 pro-history.js
      { } pro-history.json              1
      📄 pro-history.wxml
      📄 pro-history.wxss
```

图 8-15　创建阅读历史页面的目录结构

接下来构建阅读历史页面的元素与样式，方法可以参考文章列表的相关内容，其具体内容如下。

页面元素 pro-history.wxml 的代码如下：

```html
<view class="container">
 <!-- 文章列表 -->
 <view class="emptyMesssage" wx:if="{{postList.length <= 0}}">文章阅读历史记录为空！</view>
 <block wx:for="{{postList}}" wx:for-item="post" wx:for-index="idx" wx:key="postId">
  <view class="post-container" bindtap="gotoDetail" id="{{post.postId}}">
   <view class="post-author-date">
    <image src="{{post.avatar}}" />
    <text>{{post.date}}</text>
   </view>
   <text class="post-title">{{post.title}}</text>
  </view>
 </block>
</view>
```

页面样式 pro-history.wxss 的代码如下：

```css
.emptyMesssage{
 display: flex;
 justify-content: center;
 margin-top: 100rpx;
}
```

```
/* 文章阅读历史列表项样式 */
.post-container {
  flex-direction: column;
  display: flex;
  margin: 20rpx 0 40rpx;
  background-color: #fff;
  border-bottom: 1px solid #ededed;
  border-top: 1px solid #ededed;
  padding-bottom: 5px;
}

.post-author-date{
  margin: 10rpx 0 20rpx 10px;
  display:flex;
  flex-direction: row;
  align-items: center;
}

.post-author-date image{
  width:60rpx;
  height:60rpx;
}
.post-author-date text{
  margin-left: 20px;
}

.post-image{
  width:100%;
  height:340rpx;
  margin-bottom: 15px;
}

.post-date{
  font-size:26rpx;
  margin-bottom: 10px;
}
.post-title{
  font-size:16px;
  font-weight: 600;
  color:#333;
  margin-bottom: 10px;
```

```
    margin-left: 10px;
}

text{
  font-size:24rpx;
  font-family:Microsoft YaHei;
  color: #666;
}
```

对应的显示阅读历史记录的逻辑处理 pro-history.js 的代码如下：

```
const app = getApp()
Page({

  /**
   * 页面的初始数据
   */
  data: {
   // 文章列表
   postList: []
  },

  /**
   * 生命周期函数：监听页面加载
   */
  onLoad(options) {
    const username = app.globalData.g_username;
    const readHistory = wx.getStorageSync(username)
    console.log('readHistory',readHistory)
    this.setData({
      postList:readHistory
    })
  },

  // 跳转到详情页面
  gotoDetail(event){
    const postId = event.currentTarget.id
    wx.navigateTo({
     url: '/pages/post-detail/post-detail?postId=' + postId,
    })
  }
})
```

保存代码，测试运行，其效果如图 8-16 所示。

图 8-16　文章阅读历史页面显示效果

　　点击阅读历史列表中的每一项，页面都可以跳转到对应的文章详情页面。以上就是本次任务的全部内容。

任务 8.3　个性化设置：开发完成用户设置功能

8.3.1　任务描述

1. 具体的需求分析

　　在本任务中，我们将完成"我的"页面中关于"设置"按钮对应的相关功能，在这里主要完成"设置"页面的显示功能，同时也会基于微信小程序获取用户头像和昵称的最佳实践策略来完成用户头像和昵称的设置功能。

2. 效果预览

　　编译完成本次任务进入"我的"页面，单击"设置"按钮进入"设置"页面，效果如图 8-17 所示。

　　在"设置"页面单击用户头像，进入用户设置页面，如图 8-18 所示。

图 8-17 "设置"页面显示效果

图 8-18 用户设置页面

8.3.2 任务实施

1. 完成"设置"页面的显示功能

基于对本次任务描述的分析，总结这次主要完成的工作任务分别为：

(1) 完成"设置"页面的框架与页面样式。

(2) 显示当前用户信息。

(3) 完成用户信息的设置功能。

接下来，开始任务实施工作，其具体步骤如下：

(1) 完成"设置"页面的框架与页面样式。

首先在 pages 目录中新建"设置"页面的文件，分别在对应的 setting.wxml 文件中添加页面元素内容，代码如下：

```
<view class="container">
 <!--显示用户信息-->
 <view class="category-item personal-info">
  <view class="user-avatar" bindtap="getUserInfo">
   <image src="{{userInfo.avatarUrl}}"></image>
  </view>
  <view class="user-name">
   <view class="user-nickname">
```

```
    <text>用户名：{{userInfo.nickName}}</text>
   </view>
  </view>
 </view>

 <!--常用 API 的使用(缓存 API、系统消息、网络状态、当前位置与速度、二维码)-->
 <view class="category-item">
  <block wx:for="{{device}}" wx:key="item">
   <view class="detail-item" catchtap="{{item.tap}}">
    <image src="{{item.iconurl}}"></image>
    <text>{{item.title}}</text>
    <view class="detail-item-btn"></view>
   </view>
  </block>
 </view>
</view>
```

此页面主要分为两个部分，分别是显示用户信息和微信常用 API 的内容。为了方便管理，对应显示的内容都通过 JavaScript 逻辑进行控制，其中 setting.js 数据初始化的代码如下：

```
Page({
 /**
  * 页面的初始数据
  */
 data: {
  device: [
   {
    iconurl: '/images/icon/wx_app_clear.png',
    title: '缓存清理',
    tap: 'clearCache'
   },
   {
    iconurl: '/images/icon/wx_app_cellphone.png',
    title: '系统信息',
    tap: 'showSystemInfo'
   },
   {
    iconurl: '/images/icon/wx_app_network.png',
    title: '网络状态',
    tap: 'showNetWork'
   },
   {
    iconurl: '/images/icon/wx_app_lonlat.png',
    title: '当前位置、速度',
    tap: 'showLonLat'
   },
   {
```

```
            iconurl: '/images/icon/wx_app_scan_code.png',
            title: '二维码',
            tap: 'scanQRCode'
        }
    ],
    compassVal: 0,
    compassHidden: true,

    userInfo: '',
    nickName: '',
    avatarUrl: ''
    },
})
```

最后在 setting.wxss 文件编写页面样式代码，代码如下：

```
/* 设置页面样式 */
.container {
  background-color: #efeff4;
  width: 100%;
  height: 100%;
  flex-direction: column;
  display: flex;
  align-items: center;
  min-height: 100vh;
}

.avatar-img{
  width: 200rpx;
  height: 200rpx;
  border-radius: 50%;
}

.category-item {
  width: 100%;
  margin: 20rpx 0;
  border-top: 1rpx solid #d9d9d9;
  border-bottom: 1rpx solid #d9d9d9;
  background-color: #fff;
}

.category-item.personal-info {
  height: 130rpx;
  display: flex;
  align-items: center;
  padding: 20rpx 0;
}
```

```
.category-item.personal-info .user-avatar {
  margin: 0 30rpx;
  width: 130rpx;
  height: 130rpx;
  position: relative;
}

.category-item.personal-info .user-avatar image {
  vertical-align: top;
  width: 100%;
  height: 100%;
  position: absolute;
  top: 0;
  left: 0;
  border-radius: 2rpx;
}

.category-item.personal-info .user-name {
  margin-right: 30rpx;
  flex: 1;
  padding-top: 10rpx;

}

.detail-item {
  display: flex;
  margin-left: 30rpx;
  border-bottom: 1px solid RGBA(217, 217, 217, .4);
  height: 85rpx;
  align-items: center;
}

.detail-item:last-child {
  border-bottom: none;
}

.detail-item image {
  height: 40rpx;
  width: 40rpx;

}

.detail-item text {
  color: #7F8389;
  font-size: 24rpx;
  flex: 1;
  margin-left: 30rpx;
```

```
    }

    .detail-item .detail-item-btn {
      width: 50rpx;
      color: #d9d9d9;
      height: 40rpx;
      margin-right: 20rpx;
      text-align: center;
    }

    .detail-item .detail-item-btn::after {
      display: inline-block;
      content: '';
      width: 16rpx;
      height: 16rpx;
      color: #d9d9d9;
      margin-top: 8rpx;
      border: 3rpx #d9d9d9 solid;
      border-top-color: transparent;
      border-left-color: transparent;
      transform: rotate(-45deg);
    }
```

编写完成以上代码后，保存并运行代码，设置的页面运行效果如图 8-19 所示。

图 8-19　设置页面运行效果

(2) 完成获取用户基本信息功能。

在微信小程序获取用户基本信息的方法主要有 wx.getUserInfo(Object object) 与 wx.getUserProfile(Object object)。考虑到用户信息的安全问题，微信官方收回用以上两种方法获取用户授权的个人信息的能力，调用此方法获得的用户统一为"微信用户"，头像为灰色头像，具体说明如图 8-20 所示。

调整说明

自 2022 年 10 月 25 日 24 时后（以下统称"生效期"），用户头像昵称获取规则将进行如下调整：

1. 自生效期起，小程序 wx.getUserProfile 接口将被收回：生效期后发布的小程序新版本，通过 wx.getUserProfile 接口获取用户头像将统一返回默认灰色头像，昵称将统一返回"微信用户"。生效期前发布的小程序版本不受影响，但如果要进行版本更新则需要进行适配。

2. 自生效期起，插件通过 wx.getUserInfo 接口获取用户昵称头像将被收回：生效期后发布的插件新版本，通过 wx.getUserInfo 接口获取用户头像将统一返回默认灰色头像，昵称将统一返回"微信用户"。生效期前发布的插件版本不受影响，但如果要进行版本更新则需要进行适配。通过 wx.login 与 wx.getUserInfo 接口获取 openId、unionId 能力不受影响。

3. 「头像昵称填写能力」支持获取用户头像昵称：如业务需获取用户头像昵称，可以使用「头像昵称填写能力」（基础库 2.21.2 版本开始支持，覆盖 iOS 与安卓微信 8.0.16 以上版本），具体实践可见下方《最佳实践》。

4. 小程序 wx.getUserProfile 与插件 wx.getUserInfo 接口兼容基础库 2.27.1 以下版本的头像昵称获取需求：对于来自低版本的基础库与微信客户端的访问，小程序通过 wx.getUserProfile 接口将正常返回用户头像昵称，插件通过 wx.getUserInfo 接口将正常返回用户头像昵称，开发者可继续使用以上能力做向下兼容。

对于上述 3，wx.getUserProfile 接口、wx.getUserInfo 接口、头像昵称填写能力的基础库版本支持能力详细对比见下表：

	小程序 wx.getUserProfile接口	插件wx.getUserInfo接口	头像昵称填写能力
基础库2.27.1及以上版本	不支持	不支持	支持
基础库2.21.2~2.27.0版本	支持	支持	支持
基础库2.10.4~2.21.0版本	支持	支持	不支持

图 8-20　官方对于获取用户信息调整说明

对于官方如何获取用户相关信息的授权问题，官方调整得比较频繁，最新最完整的信息请参阅官方的说明。从以上调整说明我们可以了解到微信官方希望使用"头像昵称填写能力"作为最佳实践。

接下来通过代码进行演示，在 setting.js 的 onLoad 方法中添加获取用户信息的代码，代码如下：

```
/**
 * 生命周期函数：监听页面加载
 */
onLoad(options) {
 // 获取本地缓存用户信息
 wx.getUserInfo({
  success: (res) => {
   console.log("res", res);
   console.log(res.userInfo);
   this.setData({
    userInfo: res.userInfo
   })
  }
 })
},
```

保存并运行代码，效果如图 8-21 所示。

从运行结果可以看出，用户名称为"微信用户"，图像为灰色图像。

结合之前介绍的用户授权的知识和官方调整说明信息，我们知道在这里可以读取保存到本次缓存中的用户信息，如果在授权时没有获取用户的真实信息，则可以结合后面填写的用户信息的功能来实现获取和设置用户信息的功能。调整 setting.js 中获取用户信息的代码，代码如下：

```
/**
 * 生命周期函数：监听页面加载
 */
onLoad(options) {
  // 获取本地缓存用户信息
  const userInfo = wx.getStorageSync('userInfo')
  this.setData({
    userInfo
  })
},
```

保存代码，运行的结果如图 8-22 所示。

图 8-21　使用 getUserInfo 获取用户信息

图 8-22　获取本地缓存用户信息

2. 完成用户设置页面功能

接下来完成用户设置页面的功能，其具体步骤如下：

(1) 设置用户信息的基本框架与样式。

尽管微信官方收回获取用户基本信息的能力，但高级的用户授权场景需要用到 openId

与 unionId 信息还是不受影响。也就是说，目前小程序开发者可以通过 wx.login 接口直接获取用户的 openId 与 unionId 信息，实现微信身份登录。对于许多小程序使用场景，用户无须提供头像昵称。如果确实需要收集用户头像及昵称，则可在个人中心或设置等页面让用户完善个人资料。对应用户的最佳实践是小程序在个人中心提供用户设置页面，使用头像及昵称让用户完善个人资料。其操作是单击用户头像进入用户设置页面，然后填写新的信息，最后提交保存信息。

接下来按照微信小程序官方提供的最佳实践来完成用户信息的设置功能。首先需要创建"完善用户信息"页面 userinfo，并在"设置"页面的用户头像中添加点击跳转到 userinfo 页面，其代码如下：

```
// 跳转到用户信息完善页面
getUserInfo() {
  wx.navigateTo({
    url: '/pages/setting/userinfo/userinfo',
  })
}
```

在 userinfo 页面中，需要通过 button 按钮组件并把 open-type 属性的值设置为 chooseAvatar。用户选择需要的头像之后，可以通过 bindchooseavatar 事件回调获取到用户选择的头像信息的临时路径，同时对应用户的昵称是通过 input 组件并设置 type 属性的值为 nickname，通过 bindblur 事件获取用户输入的昵称，其页面元素的框架代码如下：

```
<view class="container">
  <view class="container-header">
    <button class="avatar-wrapper" open-type="chooseAvatar" bind:chooseavatar="onChooseAvatar">
      <image class="avatar" src="{{avatarUrl}}"></image>
    </button>
  </view>
  <view class="nickname-wrapper">
    昵称：
    <input type="nickname" name="nickName" class="weui-input" placeholder="请输入昵称
    " value="{{inputNickName}}" bindblur="bindblur" />
  </view>
  <view class="controller-container">
    <view class="controller-wrapper" bindtap="saveProfileInfo">
      <text class="btn-text">确认</text>
    </view>
  </view>
</view>
```

userinfo 页面对应的样式代码如下：

```
.container {
  display: flex;
  flex-direction: column;
}
```

```css
.container-header{
    border-bottom: 3rpx solid #f1f1f1;
}

.avatar-wrapper {
  padding: 0;
  width: 56px !important;
  border-radius: 8px;
  margin-top: 40px;
  margin-bottom: 40px;
}

.avatar {
  display: block;
  width: 56px;
  height: 56px;
}

.nickname-wrapper{
  display: flex;
  flex-direction: row;
  padding: 15rpx 15rpx 15rpx 15rpx;
  border-bottom: 3rpx solid #f1f1f1;
}

.nickname-wrapper input{
    margin-left: 60rpx;
}

.controller-container{
  display: flex;
  align-items: center;
  justify-content: center;
}

.controller-wrapper{

  margin-top: 40rpx;
  justify-content: center;
  align-items: center;
  line-height: 70rpx;
  width: 90%;
  text-align: center;
  border-radius: 30rpx;
  background-color: #d43c33
}
```

```
.btn-text{
  font-size:26rpx;
  color: #ffffff;
}
```

保存代码，并运行测试，其结果如图 8-23 所示。

图 8-23　完善用户信息页面后的显示

(2) 设置用户信息的逻辑处理。

单击"设置"页面的用户头像进入"完善用户信息"页面，进入页面后首先需要加载用户缓存的本地信息，代码如下：

```
const defaultAvatarUrl = 'https://mmbiz.qpic.cn/mmbiz/icTdbqWNOwNRna42FI242Lcia07jQodd2FJGIY
                          QfG0LAJGFxM4FbnQP6yfMxBgJ0F3YRqJCJ1aPAK2dQagdusBZg/0';

let _avatarUrl = ''
let _nickName = ''
let userInfo = null;
const app = getApp()
Page({

  /**
   * 页面的初始数据
   */
  data: {
    avatarUrl: defaultAvatarUrl,
    inputNickName:''
  },
```

```
/**
 * 生命周期函数：监听页面加载
 */
onLoad(options) {
  userInfo = wx.getStorageSync('userInfo');
  // 设置用户信息
  _avatarUrl = userInfo.avatarUrl
  _nickName = userInfo.nickName
  this.setData({
    avatarUrl:userInfo.avatarUrl,
    inputNickName:userInfo.nickName
  })
},
})
```

保存代码，运行结果与上面的任务描述一致，如图 8-18 所示。

在获得用户头像的 button 上注册 onChooseAvatar 方法，其主要作用是处理用户获得的图像，代码如下：

```
// 获得用户头像
onChooseAvatar(e) {
  console.log('onChooseAvatar',e)
  const { avatarUrl } = e.detail
  _avatarUrl = avatarUrl
  this.setData({
    avatarUrl,
  })
},
```

保存代码，运行测试，然后单击用户头像，系统会弹出选择头像的对话框，如图 8-24 所示。

从图 8-24 可以看出，用户可以使用微信头像、从相册选择、拍照多种方式选择需要完善的头像资料。同样需要注意的是在模拟器中无法使用拍照选项，只能在真机中使用。

接下来完成获取用户输入昵称的操作，在这里使用 input 组件，设置 type 属性值为"nickname"，且通过 bindblur 事件(输入框失去焦点时触发)获取用户输入的昵称信息，代码如下：

```
// 获取用户输入的昵称
bindblur(e){
  _nickName = e.detail.value
  this.setData({
    inputNickName:e.detail.value
  })
},
```

保存代码，运行测试，当用户单击准备输入昵称信息时，其界面如图 8-25 所示。

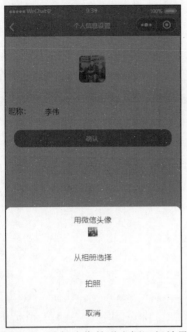

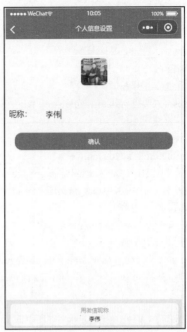

图 8-24　选择头像的弹出框运行效果　　　　图 8-25　用户输入昵称

从图 8-25 可以看出，当 input 的 type 属性设置为"nickname"，系统也会弹出直接输入用户微信昵称的选项，方便用户直接录入，当然也可以不使用微信昵称作为当前应用的昵称，而是重新输入。需要注意的是，当用户输入自定义的昵称时，系统会异步进行内容合法性审核，即把当前的信息清空，在模拟器进行测试。我们无法通过 e.detail.value 获取用户输入的用户昵称，但在真机上测试就可以解决。

完成头像和昵称的信息输入后，最后单击"确认"按钮保存用户信息，代码如下：

```
// 保存用户信息
saveProfileInfo(){
    console.log('saveProfileInfo',_avatarUrl)
    console.log('inputNickName',_nickName)
    console.log('userInfo',userInfo)
    userInfo.nickName = _nickName;
    userInfo.avatarUrl = _avatarUrl;
    wx.setStorageSync('userInfo', userInfo)
    // 更新文章阅读历史信息
    this._updateReadHistory()
    // 用户提醒
    wx.showToast({
        title: '用户设置成功',
        icon: 'success',
        duration: 2000,
        success:()=>{
            wx.navigateBack()
        }
```

```
        })

    },
    // 更新阅读历史信息
    _updateReadHistory(){
        console.log('_updateReadHistroy')
        // 重新设置阅读历史
        const oldKey = app.globalData.g_username
        console.log('oldKey',oldKey)
        const readHistory = wx.getStorageSync(oldKey)
        console.log('readHistory',readHistory)
        // 删除原有内容
        wx.removeStorageSync(oldKey)
        // 重新设置全局变量
        app.globalData.g_username = userInfo.nickName
        wx.setStorageSync(app.globalData.g_username, readHistory)
    }
```

在保存用户的处理中，由于用户昵称发生了变化，因此需要对当前用户的阅读历史信息进行更新。需要注意的是，在实际的开发场景中不会这样处理，而是通过用户的 openId 的 key 来保存阅读历史的缓存信息，这样在重新设置用户的昵称时就无须重新更新阅读历史记录信息了。

保存代码，运行测试。重新输入用户头像和昵称，如图 8-26 所示。

完成输入信息，单击"确认"按钮，完成完善用户信息的操作，如图 8-27 所示。

图 8-26　重新输入用户头像和昵称信息

图 8-27　信息设置完成后用户信息更新

以上已经完成用户设置功能的全部内容。

任务 8.4　API 应用实战：完成设置页面中其他 API 的使用

8.4.1　任务描述

1. 具体的需求分析

在上一任务中，我们实现了设置页面中"完善用户信息"的功能，本任务将完成设置页面的其他功能，这里包括数据缓存管理、系统信息、网络状态、当前位置、速度和二维码功能。这些功能主要展示微信小程序 API 的使用示例集合。

2. 效果预览

完成本次任务，并编译完成，进入"设置"页面，单击"缓存清理"按钮，系统弹出清理缓存提示框，如图 8-28 所示。

单击"系统信息"，显示当前设备的基本信息，如图 8-29 所示。

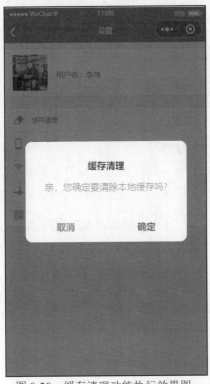

图 8-28　缓存清理功能执行效果图

图 8-29　显示当前设备的系统信息

单击"网络状态"显示当前设备的网络状态信息，如图 8-30 所示。

单击"当前位置、速度"显示当前设备的位置与速度信息，如图 8-31 所示。

图 8-30　显示当前网络状态　　　　　图 8-31　显示当前位置和速度

单击"二维码"，读取对应的二维码，执行效果如图 8-32 所示。

图 8-32　读取对应的二维码

8.4.2 任务实施

1. 实现数据缓存管理功能

在前面的单元中，已经介绍了关于微信小程序缓存管理的 API，但我们都使用同步的方式进行解决，本节将对这块内容进行补充，以便在真机上实现清除数据缓存。当点击设置页面"缓存清理"选项时，首先会弹出一个 modal 模态对话框，如果用户点击"确定"按钮，就可以清除数据缓存。

setting 页面有许多选项让用户在使用 modal 窗口时确定操作，因此需要在 setting.js 文件添加一个显示 modal 的公共方法，代码如下：

```
// 显示模态窗口
showModal(title, content, callback) {
  wx.showModal({
    title: title,
    content: content,
    confirmColor: '#1F4BA5',
    cancelColor: '#7F8389',
    success: (res) => {
      if (res.confirm) {
        callback && callback();
      }
    }
  })
},
```

showModal 方法只是对微信 API 中 wx.showModal 做了一个简单的封装，设置了通用演示。showModal 方法还接收一个回调函数 callback，用户点击"确定"后执行这个回调函数。

接着在 setting.js 中添加关于处理清除缓存的逻辑，添加一个新的方法 clearCache，其代码如下：

```
// 清理缓存
clearCache() {
  this.showModal('缓存清理', '亲，您确定要清除本地缓存吗?', function () {
    wx.clearStorage({
      success: (res) => {
        wx.showToast({
          title: '缓存清理成功',
          duration: 1000,
          mask: true,
          icon: "success"
        })
      },
      fail: (e) => {
```

```
      console.log(e);
    }
  })
});
},
```

以上代码是通过异步缓存操作编写的，比同步的方法要麻烦一些。关于同步和异步的选择，需要根据实际需求决定，但在一般情况下优先选择同步的方式。

保存代码并测试，运行结果与预览效果一致，如图 8-28 所示。用户选择"确定"后执行完成，查看模拟器的缓存，如图 8-33 所示。

图 8-33　执行缓存清理后的 Storage 控制台

从图 8-33 所示的 Storage 控制台信息可以看到，应用中缓存数据已被全部清理完成。

2. 实现获取系统信息功能

在微信小程序中获取系统信息需要在一个新的页面显示，因此需要新建一个 device 子页面。可以直接在 app.json 文件的 pages 数组下新增 device 的页面路径，代码如下：

```
"pages/setting/device/device"
```

保存代码，微信开发工具会自动创建对应的页面文件。

接下来，点击设置页面"系统信息"时，页面会跳转到 device 子页面，需要在 setting.js 中添加一个处理跳转逻辑方法 showSystemInfo，其代码如下：

```
// 显示系统信息
showSystemInfo() {
  wx.navigateTo({
    url: 'device/device',
  })
},
```

点击"系统信息"后，页面跳转到 device 页面。接下来需要分别完成 device 子页面的框架和样式。

完成 device 页面框架的代码如下：

```
<!-- 显示系统信息页面 -->
<view class="container">
  <view class="category-item">
    <block wx:for="{{phoneInfo}}">
```

```
    <view class="detail-item">
      <text>{{item.key}}</text>
      <text>{{item.val}}</text>
    </view>
  </block>
</view>
<view class="category-item">
  <block wx:for="{{softInfo}}">
    <view class="detail-item">
      <text>{{item.key}}</text>
      <text>{{item.val}}</text>
    </view>
  </block>
</view>
<view class="category-item">
  <block wx:for="{{screenInfo}}">
    <view class="detail-item">
      <text>{{item.key}}</text>
      <text>{{item.val}}</text>
    </view>
  </block>
</view>
</view>
```

完成 device 页面样式的代码如下：

```
/* 显示系统信息样式 */
.container {
  background-color: #efeff4;
  width: 100%;
  height: 100%;
  flex-direction: column;
  display: flex;
  align-items: center;
  min-height: 100vh;
}
.category-item {
  width: 100%;
  margin: 20rpx 0;
  border-top: 1rpx solid #d9d9d9;
  border-bottom: 1rpx solid #d9d9d9;
  background-color: #fff;
}
.detail-item{
  display: flex;
  margin-left: 30rpx;
  border-bottom: 1px solid RGBA(217, 217, 217, .4);
  height:85rpx;
```

```
  align-items: center;
}
.detail-item:last-child{
  border-bottom:none;
}
.detail-item text{
  color:#7F8389;
  font-size:24rpx;
  flex:1;
}
.detail-item text:last-child{
  color:#7F8389;
  font-size:24rpx;
  flex:1;
  text-align: right;
  padding-right: 20rpx;
}
```

在获取系统信息时，需要使用微信提供获取系统信息的 API：getSystemInfoAsync 方法或 getSystemInfo 方法，前者是异步方法，后者是同步方法。

接下来在 device.js 文件中新增获取系统信息的逻辑，其代码如下：

```
/**
 * 生命周期函数：监听页面加载
 */
onLoad: function (options) {
  wx.getSystemInfoAsync({
    success: (result) => {
      this.setData({
        phoneInfo:[
          {key:'手机型号',val:result.model},
          {key:'手机语言',val:result.language}
        ],
        softInfo:[
          {key:'微信版本',val:result.version},
          {key:'操作系统版本',val:result.system}
        ],
        screenInfo:[
          {key:'屏幕像素比',val:result.pixelRatio},
          {key:'屏幕尺寸',val:result.windowWidth + '×' + result.windowHeight}
        ]
      });
    },
  })
},
```

在这里我们获取手机型号、手机语言、微信版本、操作系统版本、屏幕像素比和屏幕尺寸信息。

保存代码，运行测试，可以看到结果与预览效果一致，如图 8-29 所示。

3. 完成获取网络状态信息功能

在微信框架提供了 wx.getNetworkType 作为获取当前网络状态的接口。获取网络状态是一个异步方法，方法回调函数中可以接受一个 res 参数，使用 res.networkType 可以获得当前移动设置的网络状态。网络状态有 6 种，如图 8-34 所示。

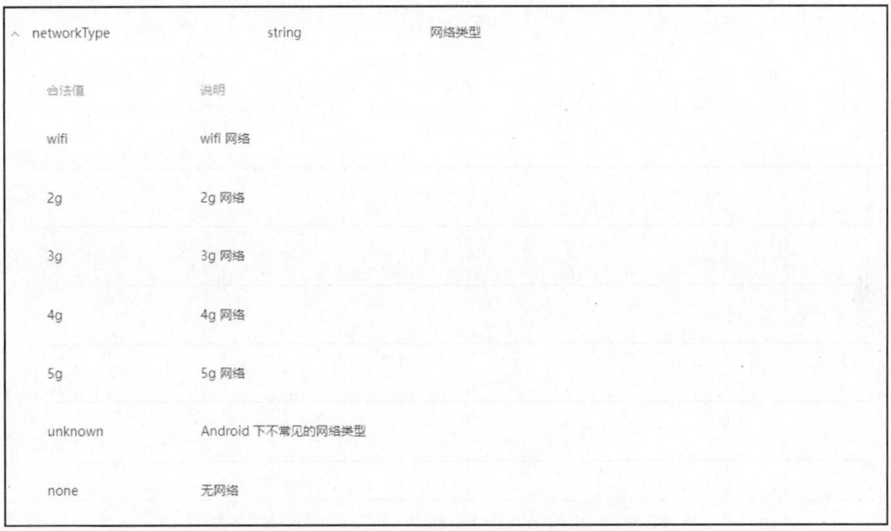

∧ networkType	string	网络类型
合法值	说明	
wifi	wifi 网络	
2g	2g 网络	
3g	3g 网络	
4g	4g 网络	
5g	5g 网络	
unknown	Android 下不常见的网络类型	
none	无网络	

图 8-34 官方文档提供 6 种网络状态

在 setting.js 文件添加获取网络状态的逻辑，代码如下：

```
// 获取网络状态
showNetWork() {
 wx.getNetworkType({
  success: (result) => {
   let netWorkType = result.networkType;
   this.showModal('网络状态', '您当前的网络:' + netWorkType);
  },
 })
}
```

保存代码，运行测试，可以看到结果与预览效果一致，如图 8-30 所示。

4. 完成获取当前位置与当前速度信息功能

在微信框架中关于位置与地图相关的 API 都位于"位置"这个部分，要获取当前位置与当前速度信息，需要使用微信框架中提供的 wx.getLocation(Object)方法，其具体功能描述如下。

获取当前的地理位置、速度。当用户离开小程序后，此接口无法调用。开启高精度定位，接口耗时会增加，可指定 highAccuracyExpireTime 作为超时时间。地图相关使用的坐标格式应为 gcj02。高频率调用会导致耗电，如有需要可使用持续定位接口 wx.onLocationChange。

Object 参数的具体使用如图 8-35 所示。

参数

Object object

属性	类型	默认值	必填	说明	最低版本
type	string	wgs84	否	wgs84 返回 gps 坐标，gcj02 返回可用于 wx.openLocation 的坐标	
altitude	boolean	false	否	传入 true 会返回高度信息，由于获取高度需要较高精度，会减慢接口返回速度	1.6.0
isHighAccuracy	boolean	false	否	开启高精度定位	2.9.0
highAccuracyExpireTime	number		否	高精度定位超时时间(ms)，指定时间内返回最高精度，该值3000ms以上高精度定位才有效果	2.9.0
success	function		否	接口调用成功的回调函数	
fail	function		否	接口调用失败的回调函数	
complete	function		否	接口调用结束的回调函数（调用成功、失败都会执行）	

图 8-35　getLocation(object)方法的 Object 参数说明

其中，success 回调函数接收一个 Object 参数，其具体数据信息如图 8-36 所示。

Object res

属性	类型	说明	最低版本
latitude	number	纬度，范围为 -90~90，负数表示南纬	
longitude	number	经度，范围为 -180~180，负数表示西经	
speed	number	速度，单位 m/s	
accuracy	number	位置的精确度，反应与真实位置之间的接近程度，可以理解成10即与真实位置相差10m，越小越精确	
altitude	number	高度，单位 m	1.2.0
verticalAccuracy	number	垂直精度，单位 m (Android 无法获取，返回 0)	1.2.0
horizontalAccuracy	number	水平精度，单位 m	1.2.0

图 8-36　getLocation( )方法 success 回调函数 Object 参数说明

在 setting.js 中添加 getLonLat 和 showLonLat 方法，代码如下：

```
// 获取当前为止经纬度与当前速度
getLonLat(callback) {
  wx.getLocation({
    altitude: 'false',
    type: 'gcj02',
    success: (res) => {
      callback(res.longitude, res.latitude, res.speed);
    }
  })
},
// 显示当前为位置坐标与当前速度
showLonLat() {
  this.getLonLat((lon, lat, speed) => {
    let lonStr = lon >= 0 ? '东经' : '西经',
      latStr = lat >= 0 ? '北纬' : '南纬';
    lon = lon.toFixed(2);
    lat = lat.toFixed(2);
    lonStr += lon;
    latStr += lat;
    speed = (speed || 0).toFixed(2);
    this.showModal('当前位置和速度', '当前位置：' + lonStr + ',' + latStr + '。速度:' + speed + 'm/s');
  })
},
```

由于本功能涉及获取位置的权限，需要在 app.json 中进行权限配置，代码如下：

```
"permission": {
  "scope.userLocation": {
    "desc": "你的位置信息将用于小程序位置接口的效果展示"
  }
},
```

保存并运行代码。如果是第一次获取位置，则需要用户主动授权，类似于获取用户的基本信息。用户同意授权后，将显示用户的"当前位置"和"速度"。

5. 完成扫描二维码功能

手机 App 中的扫描操作应该是比较常用的功能。微信框架的"设备/扫码"提供了 wx.scanCode(Object)，其功能为调出客户端扫码界面进行扫码，其 Object 参数对象属性如图 8-37 所示。

图 8-37　wx.scanCode(Object)方法 Object 参数说明

接下来，我们实现扫描二维码时读取信息。在 setting.js 中添加 scanQRCode 方法，其代码如下：

```
// 扫描二维码
  scanQRCode() {
   wx.scanCode({
    onlyFromCamera: false,
    success: (res) => {
     console.log(res);
     this.showModal('扫描二维码/条形码', res.result, false);
    },
    fail: (res) => {
     this.showModal('扫描二维码/条形码', '扫码失败，请重试', false);
    }
   })
  }
```

完成以上代码，如果在模拟器点击"二维码"，系统就会打开"操作系统文件选择"对话框，让用户选择一种二维码的图片；如果在真机上，就会打开相机进行扫描。

使用模拟器，选择所需的二维码图片，将弹出对话框显示南宋诗人杨万里的《晓出净慈寺送林子方》，运行结果如图 8-32 所示。

以上关于设置页面 API 的功能及使用方法已全部完成。

思政讲堂

科教兴国，青春担当

党的二十大报告指出，实施科教兴国战略，强化现代化建设人才支撑。这不仅是国家发展的需要，也是每个青年学子义不容辞的责任。今天给大家分享一个真实的故事。

黄武刚出生成长于湖北孝感，报考大学时，船舶设计还是一个相对冷门的专业。随着学业不断深入，"舰船报国"的理想在他心中萌芽。研究生毕业后，成绩优异的他如愿进入中国船舶 701 所，成为一名船舶设计师。

要实现"舰船报国"的理想，不能纸上谈兵，需经历无数磨砺。2011 年 11 月，刚参加工作不久的黄武刚便接受了一个看似不可能完成的任务——担任总体专业负责人，用一个月的时间将 5 艘老旧商船改装成武装巡逻船。

"当时，现场条件非常艰苦，几乎没有现代化船厂的施工条件。而且因为是老旧民船，许多图纸不全……"黄武刚回忆，自己白天出去测量，晚上回来出方案，每天都工作到凌晨。最终，团队在规定时间内圆满完成改装工程及图纸现场送审工作，有效保障了行动任务。这次牛刀初试让黄武刚快速成长，也让他迈出实现"舰船报国"的坚实一步。

黄武刚认为，青年人在事业成长中，最重要的是充分利用乐于接受新事物的优势，用好各种知识平台，加强学习，"在学中干，在干中学"。

"中国考古 01"是我国首艘专业考古船，设计难度大。作为船舶总体设计师，黄武刚根据考古需求及船舶航行海域，在确定好船长、船宽、吃水、航速和排水量等船体母型后，开展总布置优化设计及性能校核计算，在大量的系统及设备之间进行协调，在实用性、先进性、安全性、前瞻性及美观性当中达成平衡。

一次又一次的尝试、突破、推倒重来，黄永刚最终出色完成了总布置集成优化、线型和性能研究工作，协助解决了电力推进系统和考古系统复杂、空间布置紧张等设计难题。

2014 年 9 月，"中国考古 01"首航丹东，对甲午海战区域开展水下沉船遗址调查工作。由于有了先进的考古船加持，百余件文物陆续出水，考古人员初步确认这艘沉船就是"致远舰"。得知这一消息后，黄武刚兴奋了好一阵。

参加工作后，最令黄武刚感到光荣和自豪的，是他 2017 年代表中国船舶 701 所随雪龙号首次参加极地科学考察。在这次为期 108 天的考察过程中，经历了很多惊喜与惊险。一次，雪龙号遭遇两个强气旋，大片海冰高度聚集连接成片达十几公里，受降雪干扰，瞭望和雷达均无法识别冰山和水道。受强风影响，冰情变化剧烈，冰图信息失效，雪龙号因为破冰能力有限，被困冰区多达一个多星期，几乎与外界失去联系。

这次历险，更加坚定了黄武刚专注研发具有更强破冰能力的破冰船的决心。回国后，在国内没有重型破冰船母型参考的条件下，黄武刚通过大量的国内外调研学习和计算分析研究，独立研发出双向破冰船线型，经国外权威机构计算，破冰能力达到国际先进指标。

我们可以看到，科教兴国需要每个人的担当和奉献。作为青年学子，我们应当树立正确的人生观和价值观，热爱自己的事业，努力成为具有科学精神和创新能力的新时代人才。只有这样，我们才能真正实现科教兴国的伟大梦想，为国家的现代化建设贡献自己的力量。

(参考文献：任鹏. 黄武刚：铸舰驰骋星辰大海[N]. 光明日报，2023-2-3.)

单元小结

- 实现"我的"页面功能。
- 实现用户文章阅读历史功能。

- 实现用户设置功能。
- 实现设置页面其他 API 的使用演示功能。

单元自测

1. 微信小程序中关于获取用户基本信息，说法错误的是(　　)。

    A. 微信小程序的 API 提供 wx.getUserInfo 和 wx.getUserProfile 方法获取用户基本信息

    B. 当前版本中 wx.getUserInfo( )方法获取的用户信息，昵称名为"微信用户"，头像为"灰色头像"，其他信息无法获取

    C. 2022 年 5 月 25 日 24 时之后，微信官方将收回 wx.getUserProfile 接口的使用，因此调用此方法就会有异常

    D. 对于 wx.getUserInfo 和 wx.getUserProfile 方法的使用，微信官方调整后，尽管无法获取微信用户的详细信息，但对获取用户的 openId 的能力不受影响

2. 下列选项中，关于小程序 API 的描述，说法错误的是(　　)。

    A. onPullDownRefresh 实现页面下拉刷新

    B. wx.getlmageInfo 获取图片信息

    C. wx.openLocation 打开当前位置

    D. wx.checkLogin 检查登录状态是否过期

3. 下列选项中，不属于 wx.openDocument( )方法支持的文件类型是(　　)。

    A. pdf 文件   B. word 文件

    C. png 文件   D. ppt 文件

4. 下列关于小程序数据缓存 API 的说法，错误的是(　　)。

    A. wx.setStorage( )异步保存数据缓存

    B. wx.getStorageInfoSync( )同步获取当前 storage 的相关信息

    C. wx.getStorage( )从本地缓存中异步获取指定 key 的内容

    D. 异步方式需要执行 try...catch 捕获异常来获取错误信息

5. 下列关于在微信小程序中文件下载 API 的使用说法，正确的是(　　)。

    A. wx.downloadFile(Object)方法 Object 参数中 url 属性和 filePath 为必填属性

    B. 在微信小程序中单次下载文件的大小不能超过 200MB

    C. 使用 downloadFile()方法实现多文件下载，最多并发不能超过 5 个

    D. 利用文件下载成功的回调方法，文件下载临时保存到 tempFilePath 变量

上机实战

上机目标

- 掌握 iconfont 的使用。
- 通过阅读官方 API 文档，掌握其他 API 的使用。

上机练习

◆ 第一阶段 ◆

练习 1：基于本单元的项目案例，使用 iconfont 的方式实现"设置"页面图标的显示功能。

【问题描述】

使用 iconfont 字体图标替代使用<image>组件显示图标。

【问题分析】

使用<image>组件和本地图标资源的结合来显示图标，尽管可以实现图标导航显示的功能，但微信小程序的上线打包对文件有大小限制，为了减小打包文件的大小，我们将使用 iconfont 字体图标替代使用<image>组件显示图标。

【参考步骤】

(1) 打开 iconfont 图标网站，在原有项目中搜索对应图标，并根据项目设计的要求，添加对应的图标，如图 8-39 所示。

图 8-39　在项目中添加新的图标

(2) 更新 iconfont.wsxx 样式代码。代码如下：

```
@font-face {
  font-family: "iconfont"; /* Project id 3276826 */
  src: url('//at.alicdn.com/t/c/font_3276826_ofuw8mveo.woff2?t=1691740316050') format('woff2'),
      url('//at.alicdn.com/t/c/font_3276826_ofuw8mveo.woff?t=1691740316050') format('woff'),
      url('//at.alicdn.com/t/c/font_3276826_ofuw8mveo.ttf?t=1691740316050') format('truetype');
```

```
    }

    .iconfont {
     font-family: "iconfont" !important;
     font-size: 16px;
     font-style: normal;
     -webkit-font-smoothing: antialiased;
     -moz-osx-font-smoothing: grayscale;
    }

    .icon-erweima:before {
     content: "\e642";
    }

    .icon-wuxianwangluo:before {
     content: "\e66c";
    }

    .icon-shouji:before {
     content: "\e637";
    }

    .icon-weibiaoti-3:before {
     content: "\e601";
    }

    .icon-qingkong:before {
     content: "\e78c";
    }

    .icon-gengduo:before {
     content: "\e620";
    }

    .icon-_shezhi:before {
     content: "\e61b";
    }

    .icon-lishi:before {
     content: "\e60e";
    }
```

(3) 在 settting.js 的 device 的数据中添加对应的 iconfont 样式。代码如下:

```
  device: [
    {
      iconfontclass:'iconfont icon-qingkong',
      iconurl: '/images/icon/wx_app_clear.png',
```

```
      title: '缓存清理',
      tap: 'clearCache'
    },
    {
      iconfontclass:'iconfont icon-shouji',
      iconurl: '/images/icon/wx_app_cellphone.png',
      title: '系统信息',
      tap: 'showSystemInfo'
    },
    {
      iconfontclass:'iconfont icon-wuxianwangluo',
      iconurl: '/images/icon/wx_app_network.png',
      title: '网络状态',
      tap: 'showNetWork'
    },

    {
      iconfontclass:'iconfont icon-weibiaoti-3',
      iconurl: '/images/icon/wx_app_lonlat.png',
      title: '当前位置、速度',
      tap: 'showLonLat'
    },
    {
      iconfontclass:'iconfont icon-erweima',
      iconurl: '/images/icon/wx_app_scan_code.png',
      title: '二维码',
      tap: 'scanQRCode'
    }
```

（4）在 setting.wxml 文件中把 image 组件显示方式修改为 iconfont 的方式。代码如下：

```
<view class="category-item">
 <block wx:for="{{device}}" wx:key="item">
  <view class="detail-item" catchtap="{{item.tap}}">
   <!-- <image src="{{item.iconurl}}"></image> -->
   <i class="{{item.iconfontclass}}"></i>
   <text>{{item.title}}</text>
   <view class="detail-item-btn"></view>
  </view>
 </block>
</view>
```

加粗的代码为新添加的 iconfont 的字体显示代码。

保存代码，并运行测试，其结果如图 8-40 所示。

图 8-40　使用 iconfont 字体图标显示导航图标

◆ 第二阶段 ◆

练习 2：查阅微信官方 API 文档，在本单元项目案例的基础上实现文件上传功能。

【问题描述】

在项目"设置"页面，添加"文件上传"选项，用户单击此按钮，选项文件将把文件上传到服务器端。

【问题分析】

根据问题描述，可以参考微信官方文档中 API 菜单的"网络"类别中的"文件上传"wx.uploadFile()方法的使用说明。

在这里需要注意的是，当前的文件上传功能需要服务器端的支持，因此测试时需要提供文件服务器的支持。在这里提供一个基于 Java 的 SpringBoot 的实现，也可以使用其他服务器语言来实现，服务器的上传图片的代码如下：

```
@RestController
public class FileController {
        @PostMapping("/file/upload")
        public ResultInfo file(@RequestParam("file") MultipartFile file ) {
            System.out.println("=====file======");
            System.out.println(file.getOriginalFilename());    // 文件名
            System.out.println(file.getContentType());         // 文件类型
            System.out.println(file.getSize());                // 文件大小
            // 获得文件上传路径
            String path = null;
            try {
```

```
            path = ResourceUtils.getURL("classpath:").getPath() + "/static/uploadfiles";
            System.out.print("文件上传路径:" + path);
            File dest = new File(path);
            if(!dest.exists()){
                dest.mkdirs();
            }
            String fileName = file.getOriginalFilename();
            file.transferTo(new File(dest,fileName));
            ResultInfo    result = new ResultInfo(true,"文件上传成功");
            return result;
        } catch (IOException e) {
            e.printStackTrace();
            ResultInfo    result = new ResultInfo(false,"文件上传失败" + e.getMessage());
            return result;
        }
    }
}


class ResultInfo {
    private boolean success;
    private String message;

    public ResultInfo() {
    }

    public ResultInfo(boolean success, String message) {
        this.success = success;
        this.message = message;
    }

    public boolean isSuccess() {
        return success;
    }
    public void setSuccess(boolean success) {
        this.success = success;
    }
    public String getMessage() {
        return message;
    }
    public void setMessage(String message) {
        this.message = message;
    }
  }
}
```